失敗のメカニズム

忘れ物から巨大事故まで

芳賀 繁

角川文庫 13020

失敗のメカニズム

忘れ物から巨大事故まで

芳賀 繁

角川文庫 13020

はじめに

私たちは、毎日、多くの失敗を重ねながら生きている。家を出るとき財布を忘れたり、電車に飛び乗ったら行き先違いだったり、間違い電話をかけたり、会議に遅刻したり、机の角に腰をぶつけたり、料理を焦がしたり。読者の中には、酒を飲んで失敗したという人や、結婚相手の選択に失敗したと後悔している人もいるかもしれない。私はなぜか犬の糞(ふん)をよく踏んづける。

失敗が人の命を奪うこともある。日本では交通事故で毎年一万人くらいが死んでいるが、その最大の要因はドライバーが起こしたミス（失敗）である。悲惨な航空機事故、原発事故、化学プラント事故、仕事中にけがをしたり死んだりする労働災害、意外と多い家庭内の事故の大部分も人がおかすエラー（失敗）によって起きる。病院で手術をする患者を取り違えたり、薬の代わりに消毒液を点滴した事件もあった。

日常のちょっとしたミスと、事故原因となるエラーは本質的には同じものである。

本書は、人間がおかす失敗（ヒューマンエラー）について理解する手がかりと、対策を考えるためのヒントを提供することを目的に書かれたものである。対象とする読者は、企業の安全担当者、デザイナー、経営者、勤労者、医師、看護師、主婦、家事手伝いのお嬢さん、母親、父親、自動車ドライバー、歩行者、鉄道・航空機・船舶・バスの運転・運行にかかわる人と乗客になる人、ふだんからミスが多くて何とかしたいと思っている人、自分は決してミスをしないと誤解している人、要するに「すべての人」である。

目次

第一章　事故とヒューマンエラー

不慮の事故

日本では毎年「不慮の事故および有害作用」で約四万人の命が失われている。これは、日本人の死因の四パーセント、悪性新生物（癌）、心疾患（心臓病）、脳血管疾患（脳卒中など）、肺炎に次いで第五位である。しかし、年齢一歳から二四歳までに亡くなった人だけをみると、死因ナンバー・ワンである。この年代では三五パーセント弱が事故死で、なかでも、一五歳から一九歳の間では、半数近くが不慮の事故で死ぬ。[1]

現代の日本で「不慮の事故」というと、その大部分は天災などではない「人災」である。責任は他人であったり、自分であったりするが（たいていは両者である）。

たとえば交通事故で死ぬ人は毎年約一万人、階段からの転落など家庭内事故も約一万人、仕事中の事故（交通事故を含む）で亡くなる労働災害死は約二千人である。そして、これらの事故の最も重要な要因は人間がおかす失敗、すなわち「ヒューマンエラー」であることは、安全問題の研究者、専門家の間で定説となっている。

ところが、たとえば癌研究に対する莫大な物的・人的リソース（資金と人材）の投入量に比べ、いやそれどころか、何万人に一人というような病気を予防したり治療したりする目的で費やされるリソースに比べても、エラーに関する研究は淋しい状況といわざるをえない。

ヒューマンエラーへの関心の高まり

しかし、近年、産業安全の世界ではヒューマンエラーへの関心がとみに高まっている。その理由は四つある。

第一に、機械が故障しにくくなったからである。

筆者は七年前に新車を購入した。たしか本体価格一〇六万円だと記憶する。自慢じゃないが、軽自動車ではない乗用車の中では一番お安いクラスであろう。しかし、一度も故障をしたことがない。車検、定期点検以外で修理工場にもっていったことが一度だけある。それは、私が運転していて、信号のない交差点でトラックと出会い頭に衝突し、前部をかなり大きくへこませてしまったときである。つまり、今どきの車というのは人間がミスをしないかぎり修理知らずで走り続けるのである。車一台に使われる部品は二万個といわれている。それが一つも故障しないのだからたいしたものではないか。

機械が故障しにくなったわけは、もちろん材料から製造に至る品質管理が向上したことにもよるが、最大の貢献は半導体技術であろう。働くたびに火花が飛んでそのうち接点が溶着してしまうリレーや、発熱して寿命が短い真空管がトランジスタに変わった。二千時間くらいで必ず球切れするタングステンフィラメントを使った表示灯は発光ダイオード（LED）や液晶になった。どちらも寿命は何桁も長い。また、機械的に動作するスイッチの多くは、電子回路によって無接点化されたため、すり減ったり、引っかかったりする心配がなくなった。頻繁に油を差す必要もなくなった。半導体技術は、機械の小型化だけではなく、信頼性向上にも大きな貢献をしたのである。

機械が故障しない分だけ、トラブルの頻度は減ったが、人間が失敗する頻度はあまり変わらないので、トラブル全体に占めるヒューマンエラーの割合が大きく、目立つようになった。

ヒューマンエラーへの関心が高まっている理由の二番目は、一人の人間がコントロールするエネルギーの量が、昔に比べて大きくなったことである。

乗り物を操縦する人のエラーがどの程度のエネルギー放出につながるかを考えてみるとよい。その乗物がもっているエネルギーが制御を失い、人や物を破壊する力に転じるのである。馬に乗った侍は一馬力、四頭立て馬車の御者は四馬力をコントロールしている。現代の若者がドライブするスポーツカーのエンジンは二百馬力を超える。時速二〇キロの馬車と、時速百キロの自動車とでは、御者（ドライバー）がよそ見をして衝突したときの破壊力は大違いである。五百人の乗員・乗客を乗せて高度一万メートルの上空を時速八百キロで飛行するジェット旅客機は二人のパイロットが操縦し、千五百人の乗客とともに時速三百キロで疾走する新幹線は、たった一人の運転士が運転している。

化学プラントや原子力プラントのオペレータが操作する一つのボタンが、いったいどれくらいの潜在的エネルギーを制御しているのか、想像するのも難しい。しかし、人間のちょっとしたミスが大惨事に至る可能性が増えたことは間違いない。

第三は、その大惨事の教訓である。

スペースシャトル「チャレンジャー号」の爆発で七人が死亡(一九八六年)。ドーバー海峡を渡るフェリー「ヘラルド・オブ・フリー・エンタープライズ号」が沈没して一八八人(一九八七年)が死亡。以下、御巣鷹山(おすたかやま)に墜落した日航機事故で五二〇人(一九八五年)、インドのボパールにある農薬工場のガス漏れで、付近の住民が約二、五〇〇人(一九八四年)、チェルノブイリ原発事故では、事故後一〇年間に推定三〇万人(一九八六年)。

うっかりミス、判断ミス、手抜き作業、錯覚、憶測、安全規則違反などが原因で多くの犠牲者がでた事故の例は枚挙にいとまがない。大事故を分析すると、そこには必ずといってよいくらいヒューマンエラーが見つかるのである。そこには、複雑な背景要因や要因間の相互作用があり、一人あるいは少数の人間のエラーだけをこれらの大惨事の要因と考えてはならない。しかし、一九七九年のスリー・マイル島原発事故に始まり、八〇年代に続発した大事故の分析報告で事故原因としてのヒューマンエラーが指摘され、世の関心を高めたことは間違いない。アメリカ合衆国、次いでわが国で「ヒューマンエラー」の語が頻繁に使われだしたのも一九八〇年代からであった。

ヒューマンエラーという言葉に注目する人たちの中には、「そうか、やっぱり本人がしっかりしてなきゃだめなんだよ」、「事故防止のための設備はもう十分整っている。あとは人間の側にがんばってもらうしかない」などと考える経営者や安全担当者もいる。事故の原因を作業員の不注意や個人資質の問題と考えたい彼らは、ヒューマンエラーやヒューマンファクターという語が、機械設備、環境などの要因と対立する概念であるかのように誤解し、ヒューマンエラーを強調することによって、作業設備、作業環境に手をつけないことへの免罪符にしようとするのである。

実際には、ヒューマンエラーが不適切な設備や環境と密接な関係をもっていることはいうまでもない。しかし、ヒューマンエラーに関心が高まっている第四の理由として、このような誤解や無理解があげられることも、また、事実である。

初心者ママの悲劇

先ほど、一九八〇年代の大事故の例をあげたが、これらは他の本にも詳しく解説されているので、もう少し新しくて、一般向けの本にはまだ、あまり紹介されていない事故例や事故統計をとりあげよう。最初は、私たちに最も身近な（あまり身近でも困るのだが）交通事故である。

毎日のように新聞に交通事故の記事が載る。なかでも痛ましいのは、幼い子どもが犠牲になった場合である。ましてや、その車を運転していたのが母親だったら……。

一九九×年×月×日午後二時一五分頃、A市のショッピングセンターの屋上駐車場で、母親が運転する車がバックで急発進し、子ども二人が車と壁に挟まれて死亡した。母親のBさん（二八歳）は前の月に運転免許を取ったばかりであった。

当日、Bさんは娘のCちゃん（四歳）とDちゃん（二歳）を連れて買い物に来た。いったん車を停めて親子三人で車外に出たのだが、駐車した車の位置が前に出すぎているのに気づいたBさんが運転席に戻り、車を少し後ろに下げようとした。このとき、CちゃんとDちゃんが車の後ろに回ったことに、Bさんは全く気づかなかった。車はオートマチック車で、ギアを入れアクセルをふかした後、サイドブレーキを緩めた途端に急発進。勢いで、左後輪は高さ一二センチメートルのコンクリート製車止めを乗り越え、右後輪は車止めをはぎ取って、約八〇センチメートル離れたコンクリート壁に激突した。ドーンというすさまじい音で、他の買い物客が現場に駆けつけたとき、Bさんは放心状態で車の外にしゃがみ込んでいたという。

サイドブレーキを緩める前になぜアクセルをふかしたのか、筆者がスクラップした新聞記事には書かれていない。想像するに、最初はサイドブレーキを外し忘れてバックしようとしたのではないだろうか。

特に考えたり、意識的に思い出そうと努力しなくても身体が自然に次々と動くほど熟練した一連の操作手順のことを「行為スキーマ」という。初心者のうちは行為スキーマがまだ十分に形成されておらず、途中で「次は何だっけ。あ、そうだ」と考えたり、中断したり、手順の一つを抜かしたまま先に行ってしまったりする。熟練とは、スキーマを形成し、それを強固にする過程であるともいえる（スキーマについては第七章で詳述します）。

筆者が免許取りたての頃、マニュアル車を運転していたが、上り坂で信号停車した後に発進するとき、ギアをニュートラルにしたままブオンブオンとエンジンをふかしながら、坂を後ろ向きに下がってしまったことが一度ならずある。「徐々にクラッチをつなぎながらアクセルを踏み込んでいき、適当なタイミングでサイドブレーキを外す」という難しい手順に気をとられて、ギアを入れるのをすっかり忘れてしまうのである。あるときなどは、後退したのでびっくりしてブレーキを踏み、エンストして止まってから、再びサイドブレーキを引いてエンジンをかけ、大慌てで発進しようとしたら、またもや後退してしまった。幸い、初心者マークを見た後続車が（あるいは、よほど下手くそに見えたのか）車間距離を異様に大きくあけて停車していたので衝突は免れたが、思い出しても冷や汗が出る。あのとき、クラクションも鳴らさずに、次の青信号まで待ってくれた後続トラックの運転手さんには今でも大いに感謝している。

さて、A市の事故を、推測を交えて再現すると次のようになる。

Bさんは運転席に戻ってキーを差し込み、エンジンを点火し、ブレーキを踏んでギアをRに入れた。次にサイドブレーキを外すべきであったが、忘れたまま、右足をブレーキからアクセルに踏み変えた。アクセルを踏むが車は動かない。さらにアクセルを深く踏み込む。ブオーンとエンジンが高鳴るが車は動かない。「あっ、いけない」と初めてサイドブレーキに気づいた。あわてて外す。突然、車は勢いよく後ろ向きに飛び出し……。

ところで、読者のみなさんはシートベルトの装着が発進時のスキーマの中に組み込まれているだろうか。

筆者の場合、運転席に座ってドアを閉め、エンジンをかけたらシートベルト、次に座席位置およびバックミラーの調整（車を妻と共用しているため、毎回この手順が必要）と続く。人によっては、エンジンをかける前にシートベルトを着けるだろう。座席調整→シートベルト→エンジンの順でやる人もいる。大事なことは、いつも同じ順序で行うことである。そうすれば、一連の操作がスキーマ化され、一部の手順が脱落しにくくなるのである。

交通事故統計

数字が苦手の人は、この節をとばして次の節に行ってください。

日本の交通事故死者数は一九七〇年に一六、七六五人というピークを記録した後、様々な対策の結果、一九七九年の八、四六六人まで減少した。しかし、その後増加に転じ、一九八八年には再び一万人を突破してしまった。九〇年代は自動車交通事故約八〇万件（警察に届けられたものだけ）、負傷者百万人弱、死者約一万人で推移している（二〇〇二年の死者は八、三二六人）[2]。ただし、この死者数は警察の統計で、事故後二四時間以内に死んだ人しかカウントしていない。厚生労働省の統計で、死因が交通事故とされる人は警察統計より毎年四千人ほど多い[1]。

事故統計をみるときには、絶対数なのか率なのか、率だとしたら分母は何なのかを必ずチェックしてほしい。そうでないと、数字にだまされて見当違いな結論に至ることもある。データを出す側が、自分の主張したいことに合わせて数字を選ぶことだってできるのである。

さて、交通事故の場合、自動車利用の急激な伸びをどう考慮するかによって数字が変わってくる。一九七〇年度と二〇〇〇年度を比べると、この三十年間に車両保有台数は三・一四倍、自動車走行キロ（道路にどれくらいの車が走っているかを反映する）は三・四三倍、運転免許保有者数は二・八二倍になっている。したがって、自動車一万台当たりの死者数や、自動車一億走行キロ当たりの死者数は六〇年代から七〇年代後半まで急減しているのである。その後は漸減、最近は横這い（よこばい）の状態である[3]。八〇年代の交通事故増加傾向は、事故率が変わらないなかで自動車利用が増え続けたことの結果に他ならない。

自動車台数がこんなに増え、国民皆免許といわれるくらい多くの人が車を運転する割には事故率が変わらないのは、安全対策の成果だと評価すべきかもしれない。しかし、車がわれわれにこれほど身近なものになり、生活必需品と呼んでもよいくらいな存在になっているなら、なおさら、事故率をもっと下げる努力がなされなければならないと考えるほうが正論だろう。

ところで、最近は犠牲者の中で若者と高齢者が目立っており、二〇〇二年における一六〜二四歳の交通事故死者は一、三一六人で、全犠牲者の一五・八パーセント、六五歳以上は三、一四四人で三七・八パーセントを占めている。(2) 同年齢群の人口構成比はそれぞれ約一二パーセントと一八パーセントであるから、どちらも日本人の平均よりも事故に遭いやすい、あるいは、事故を起こしやすいといえる。このうち、若者の交通事故死者数は一九九〇年以来徐々に減っているが、高齢者は年々増加傾向にある。これは、日本社会の高齢化の反映であり、人口一〇万人当たりでみると、横這い、ないしは微増といった程度である。

また、死亡事故発生件数は生活パターンの二四時間化に伴い、一九八〇年以来一貫して夜間が昼間を上回っている。二〇〇二年の場合、昼間の事故件数三、七五七に対し、夜間は四、二三六件である、交通事故一千件当たりの交通死亡事故発生件数(死亡事故率)は昼間五・六九に対し、夜間は一五・三四と実に二・七倍も危険である。[4]夜は出歩かず、家で寝ているに限る。

昔、車が「走る凶器」と呼ばれたことがある。自動車が歩行者を殺すケースが多かったからである。たとえば、一九六〇年において交通事故で亡くなった一二、〇五五人のうち、四、八七五人は歩行中で、二、七六二人が自動車乗車中であった。ところが、一九七〇年代に逆転し、現在では八、三三六人中、歩行中二、三八四人、乗車中三、四三八人（二〇〇二年）と、運転者、搭乗者が亡くなることがはるかに多い。[2]車は「走る棺桶」になったのである。

ハイテク航空機の落とし穴

一九九四年四月二六日午後八時一六分、名古屋空港に着陸しようとしていた中華航空一四〇便が、墜落・炎上し、乗員乗客二七一名中二六四人が死亡する事故が起きた。日本国内で起きた航空機事故の中では、日航ジャンボ機事故に次ぐ、史上二番目に犠牲者の多い大惨事である。機種はエアバス社の最新鋭、A300-600R型機であった。

同機は、午後八時過ぎまでは空港に向かって順調に高度を下げていた。ところが、高度三一五メートルまで降りたところで、自動操縦装置が「ゴー・アラウンド（着陸やり直し）・モード」に入ってしまう。このスイッチは、二人のパイロット席の間にあるスロットル・レバー（エンジンの出力をコントロールする）の下に付いている小さなレバーで、「ゴー・レバー」と呼ばれている（図1・1）。おそらく、操縦をしていたE副操縦士（二六歳）が意図せずに指で押してしまったのであろう。

ゴー・アラウンド・モードに入った機体は、自動的にエンジンの出力が上がって、水平飛行をし始めた。着陸進入コースからはどんどんずれていく。ビックリしたのはF機長（四二歳）である。

「君、ゴー・レバーを入れているよ……

スロットルを解除しろ……

君、ゴー・アラウンド・モードになっているよ……

大丈夫、もう一度はずせ……

もう一回押せ……ゴー・アラウンド・モードに入ったままだ……」

事故機の残骸（ざんがい）から回収されたボイス・レコーダには、ゴー・アラウンド・モードをどうしても解除できないコクピットの混乱が生々しく記録されている。F機長とE副操縦士は「着陸モード」のボタンを何度も押して、ゴー・アラウンド・モードから着陸モードに戻そうとしていたのである。同時に、スロットル・レバーを引いて出力を下げ、操縦桿（そうじゅうかん）を押して機首を下に向けようとした。この操縦桿の操作が後で悲劇を引き起こす。

ところで、ゴー・アラウンド・モードを解除するには、どうすればよかったのだろう。

正解は、着陸モード以外のモードに切り替えることだったのである。いったん他のモードに入れば、そのあと着陸モードにすることができる。しかし、ゴー・アラウンド・モードから着陸モードへは決して直接切り替えられないよう、この機種は設計されていたのである。なぜなら、着陸やり直しを始めた後に着陸を試みることはありえない、あるいは、もし、そのような操作がなされた場合はパイロットのエラーであると、エアバス社の技術者が考えたからである。そのような操作を受け付けないことが安全設計であると「作る側」は考えたのだが、「使う側」はパニックに陥ってしまった。

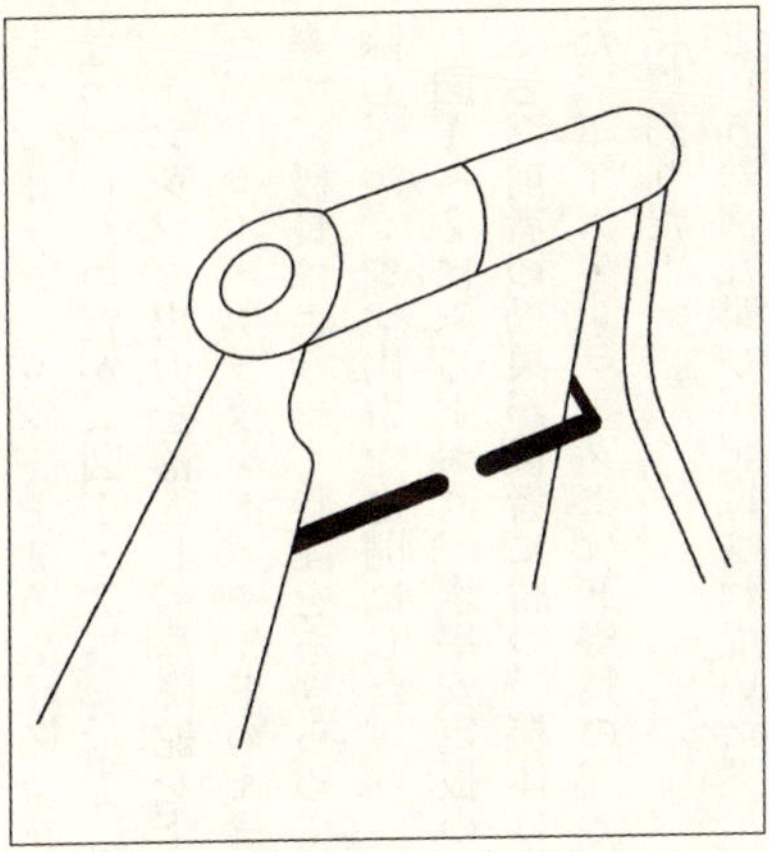

図1.1　スロットル・レバーとゴー・レバー

中華航空一四〇便は、操縦をF機長に代わったが、問題を解決することができない。ボイス・レコーダには、

「なんてことだ！」

とか、

「ちくしょう、どうなっているんだ！」

という機長の声が録音されている。この間、A300型機の尾翼にある昇降舵（しょうこうだ）は、操縦桿によって下げ舵（かじ）いっぱいになり、それに対抗

してゴー・アラウンドしようとするコンピュータによって水平安定板は上げ舵いっぱいになっていたのだが（図1・2）、パイロットたちには思いもよらなかったことであろう。

エンジンの出力を落とし、昇降舵を下げ舵にしたため、機体は徐々に高度を下げていったが、ゴー・アラウンド・モードのままでは着陸しようがない。高度二一〇メートルまで来て、機長はようやく着陸をあきらめて、手動でゴー・アラウンドするため自動操縦を解除し、エンジン出力を全開にした。

図1・2にみるとおり、水平安定板のほうが昇降舵よりずっと大きいので、推力を上げると、前者の効果が後者に勝つ。機体は地上五〇〇メートルまで一気に急上昇し、失速した。ボイス・レコーダにはF機長の、

「終わりだ！」

という悲痛な叫びが記録されていた。

さて、この事故では、ゴー・アラウンド・モードを解除できなかったことが二人のパイロットの最大のエラーであり、高度にコンピュータ化されたハイテク旅客機のシステムを、十分に理解していなかったといわざるをえない。しかし、「ゴー・レバーにうっかり触ってしまう」ということはシミュレータ訓練でも、机上訓練でもメニューになかっただろうから、その対処方法を知らなかったのは、やむをえなかったともいえる。冷静にシステムのしくみを考えれば、あるいは、「いったん他のモードに入れる」という解決策を思いつ

いたかもしれないが、ゴー・アラウンド・モードに入ったのが午後八時一四分九秒で、E副操縦士が管制塔に着陸やり直しを伝えたのは八時一五分一四秒である。この緊迫した一分五秒の間に答えを出せなかったパイロットたちを責めることができるだろうか。

中華航空のパイロットたちのもう一つのエラーは、ゴー・アラウンド・モード中に操縦桿を押して、機首を下げようとしたことである。いわば、コンピュータとけんかをしたのである。あっさり勝ちを譲って、ゴー・アラウンドし、上空からもう一度着陸を試みれば、事故は起きなかっただろう。

じつは、一九九一年二月に、エアバスA310型機がモスクワ空港で同じ原因で急上昇して失速し、あわや墜落しそうになった事件が起きていた。このときは、高度に余裕があって助かった。

エアバス社は、その後、「ゴー・アラウンド中に自動操縦に対抗して手動操作すると危険な状態になる」という注意書きを、操作マニュアルに書き込んだ。しかし、電話帳ほどの厚さのあるマニュアルを一字一句まで暗記

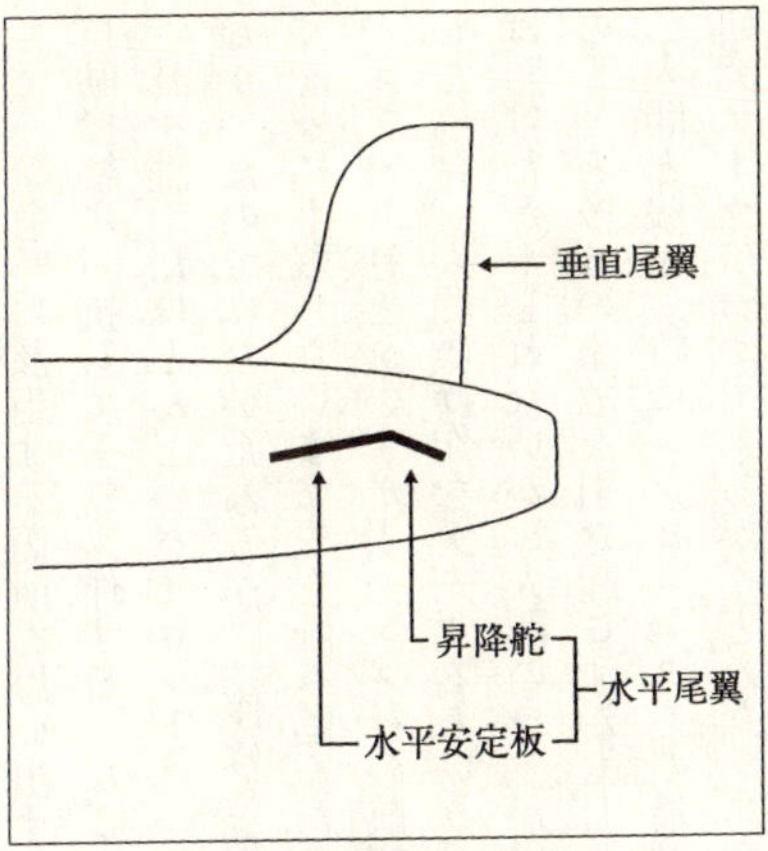

図1.2　水平安定板と昇降舵

して、緊急時に該当する箇所を思い出すことは難しい。まして、「ゴー・アラウンド中に自動操縦に対抗して手動操作する」などということが、どういう場合に起こりうるのか、これを読んだほとんどのパイロットは（そして、教える教官も）思い浮かべることができなかったのではないだろうか。「俺はやらないな」と思うだけで、深く考えず、したがって記憶にも残らないまま先を読み進んだに違いない。

エアバス社と違い、ボーイング社の航空機では、コンピュータと人間が相反する操作をした場合、人間の操作を優先するという。しかし、ここは難しいところである。この事故は防げたかもしれないが、人間のほうがコンピュータよりもエラーの確率は高いので、別のもっと多くの事故を引き起こすかもしれない。

人間と機械（特にコンピュータ）の最適な役割分担は、現代の人間工学における最大の研究テーマの一つであるが、どんなシステムにも適用できる一般原理や公式が見つかるとは思えない。「作る側」と「使う側」が開発段階から一つのテーブルにつき、最大限のイマジネーションを発揮して話し合いながら、ケース・バイ・ケースで最善と思われる案を採用していくほかないのではなかろうか。

飛行機は最も安全な乗り物か

北アメリカでは、飛行機が最も安全な交通機関であるといわれている。なぜかというと、人キロ当たりの死亡率が最も低いというのである。交通機関の安全性を比較するときに、よく使われる指標は、この死亡率である。人キロとは、一人を一キロメートル運ぶという輸送量の単位である。

その割に、飛行機事故が多いように感じるのはなぜだろう。一つには、一件の事故で亡くなる人の数が多く、事故のたびに大きく報道されるためである。それにひきかえ、自動車事故で一人死んだくらいではローカル版にも出ないことがある。また、飛行機は速度が速く、長距離を短時間で結べるが、事故は離陸と着陸の際に集中しているので、距離をかせいでいる途中部分の事故率は非常に低い。したがって、旅行回数当たりの死亡率でみると、他の輸送機関に比べてそれほど優位ではなくなる。筆者は職場まで電車に二回乗り換えていくが、三鉄道路線合わせて、片道二〇キロメートルくらいである。休日には、買い物に出たり、図書館に行ったり、スポーツ・クラブに通ったりするために、自動車を三回くらい運転するが、走行距離は合計一〇キロにも満たない。ところが、出張で福岡に行けば、飛行機で一気に九百キロメートルも飛んでしまうのだ。

世界のあちこちで毎年何機も墜落していること、そして、乗っている飛行機が万一墜落したら助かる見込みが非常に小さいことを考えると、航空安全もまだまだ改善の努力が必要といえる。

暴走列車

『大陸横断超特急』という映画がある。機関士が意識を失い、ブレーキも故障した機関車が、すごいスピードでシカゴ駅に突っ込んでいき、駅ビルの壁を破壊して、旅客でにぎわうコンコースまで突き抜けるという、はでなエンディングが見せ場であった。ところが、こんなハリウッド映画のような事故が日本で起きたのである。

一九九二年六月二日午前八時一〇分過ぎ、茨城県取手(とりで)市の関東鉄道取手駅に、四両編成のディーゼル列車が車止めに激突。先頭車両は車止めを乗り越えて、駅ビルの壁に突っ込んだ。乗客約八百人のうち、会社員(四〇歳)が全身を強く打って死亡、二五一人が重軽傷を負った。G運転士(二二歳)は、

「ブレーキが利かなくなりました。後ろに下がってください」

と車内放送をした後、運転席のドアを開けて脱出して無事だった。

この列車のブレーキ故障は、実は一つ前の西取手駅で起きていた。ブレーキが緩まなくなったのである。

一般に、鉄道車両は「ブレーキ・シリンダ」に圧縮空気を送り込んで、制輪子を車輪に押しつけてブレーキをかける(図1・3)。弁の不調などでブレーキがかかり放しになってしまうことは、ごくまれにあるが、そのときは、コックを操作してブレーキ・シリンダから空気を抜くことができれば、ブレーキが緩む。次にコックを元に戻し、必ずブレーキ

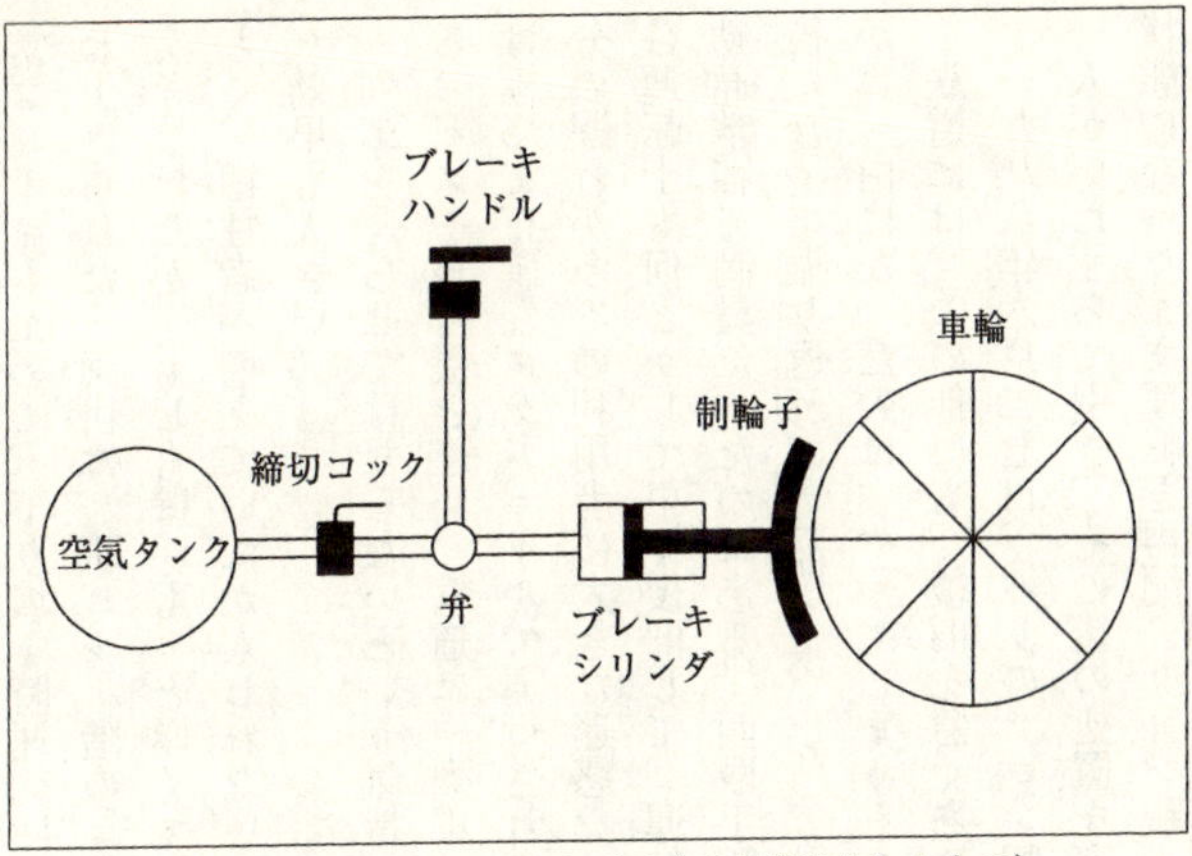

図1.3　列車のブレーキのしくみ（ごく単純化したもの）

試験をしてから発車することになっている。

どうしてもブレーキが直らない場合、それが一両か二両なら、その車両だけブレーキがかからないようにコックを操作して発車することもある。一〇両編成のうちの一～二両なら、列車全体としてはブレーキの利きが少し悪くなる程度で、運転継続が可能だからである。

しかし、関東鉄道のG運転士は、空気タンクとブレーキ・シリンダを結ぶ管のコックを、すべて締め切って（ただし先頭車両は大破したため、コックの状態の確認不能）ブレーキを緩めた後、コックを元に戻さず、ブレーキ試験も行わずに出発してしまったのである。西取手駅一三分遅れの発車であった。

G運転士は、取手駅の約七百メートル手前でブレーキをかけようとしたが、利かず、非常ブレーキもだめで、下り坂を時速約四〇キロメートルで突っ込んでいった。車止めで跳ね上げられた一両目は、駅ビル二階のコンクリート壁を壊してショッピングセンターまで突き抜けたが、もしも壁がもっと厚くて衝撃を跳ね返していたら、車両の破損はさらにひどく、犠牲者が増えていたかもしれないという。車内放送で乗客が衝突を予期して身構えた効果も大きい。

列車を遅らせてはならないという気持ちは、すべての鉄道従業員が非常に強くもっている。バスや飛行機と違い、鉄道は一列車の遅れが、後続の全列車に直結すること、平常時は極めて正確なスケジュールで運行されていること、通勤通学時には特に、わずか二〜三分の遅れが多くの利用者に大きな迷惑をかけることなどから生まれた、良き伝統であろう。G運転士も何とかして早く復旧して、運転を再開したいと焦ったに違いない。列車内は通勤通学客で満員だったのである。西取手駅での一三分が三〇分以上にも感じられただろう。後になって振り返れば、「何であんなバカなことを」と思うようなことを、焦って頭の中が真っ白になった人は、やってしまうものである。

鉄道には、この他にも、復旧を急ぐあまり大事故につながるミスをした例が多い。

一九八八年六月二七日、パリのリヨン駅に向かっていた列車の非常ブレーキを、乗客の一人がいたずらで引き、その後の処置を運転士が誤ったために、八両のうち七両が無制動状態になったまま運転を再開。リヨン駅ホームに停車中の別の列車に激突して、死者五六人、負傷者三二人の大惨事となった。

一九九一年五月一四日の信楽高原鉄道事故（死者四二人、負傷者六一四人）も、出発信号機が故障して出発できないでいた列車を、見切り発車させたために起きている。

トラブルの際に冷静な判断力を誰もが発揮できるわけではない。できる人のほうが、むしろ少ないとさえいえよう。このとき力になるのは、しっかりした知識と経験である。システムに関する基本的な知識を身につけていれば、そう大きな失敗はしないはずである。G運転士に、列車のブレーキシステムに対する理解がもう少しあれば、あのような事故は起きなかったかもしれない。

一方、経験についていうと、めったにないトラブルを経験することは少ないので、シミュレータによる訓練や、過去の事故事例の検討などを通して、疑似体験を多く積んでおくことが一助となろう。

労働災害

大学の産業心理学の授業で、日本の年間労災死者数を学生にたずねると、ほとんど誰も大ざっぱにすら答えることができない。労働災害という言葉すら聞いたことがないという。読者も、会社で安全衛生の仕事にかかわった経験がなければ、見当がつかないのではないか。それだけ、日本の職場は安全になったともいえるが、私は社会的関心が低すぎると思

う。毎年二千人が亡くなり、一五万人もの人が四日以上仕事を休むけがをしているのだから。(7)

長野県の温泉町にスキー旅行に行ったとき、ぞっとする光景を見たことがある。五階建てのホテルの柵のない屋上で、安全帯(命綱)を着けずに雪下ろしをしているのである。両手でもつ大きなちりとりのような道具で、屋上に積もった雪をすくっては、縁から下の道路に投げ落とす。滑りやすい雪と水(気温によっては氷になるだろう)の上をゴム長靴で歩いている。その日は、他の旅館や土産物屋や民家でも雪下ろしをしていて、傾斜のある屋根の上での作業は危険だなあと感じた。雪国の人は慣れていて平気なのか、怖がって作業しなければ家が潰れてしまうからしかたなく危険を冒しているのか。それにしても、五階の屋上は危なすぎる。ちょっと足を滑らすだけで即死してしまうではないか。

このような危険な作業は、しないし、やらせない、という社会的風土をつくる必要がある。ドイツでは、家を建てるときに屋根に融雪装置を備え付けることが、法律で義務化されているそうである。少々金や手間がかかっても、安全のためにやるべきことはやろうという社会的合意である。前記のホテルでも、屋上に柵を巡らせ、雪用のダスト・シューターか、ダンプカーの荷台のような窪み(図1・4)に雪を捨てればどうだろう。作業能率は低下するかもしれないが、それは安全のために当然支払うべきコストと考えたい。せめて柵か、安全帯のフックを掛ける母綱くらいは、すぐにでも設置してほしいものである。

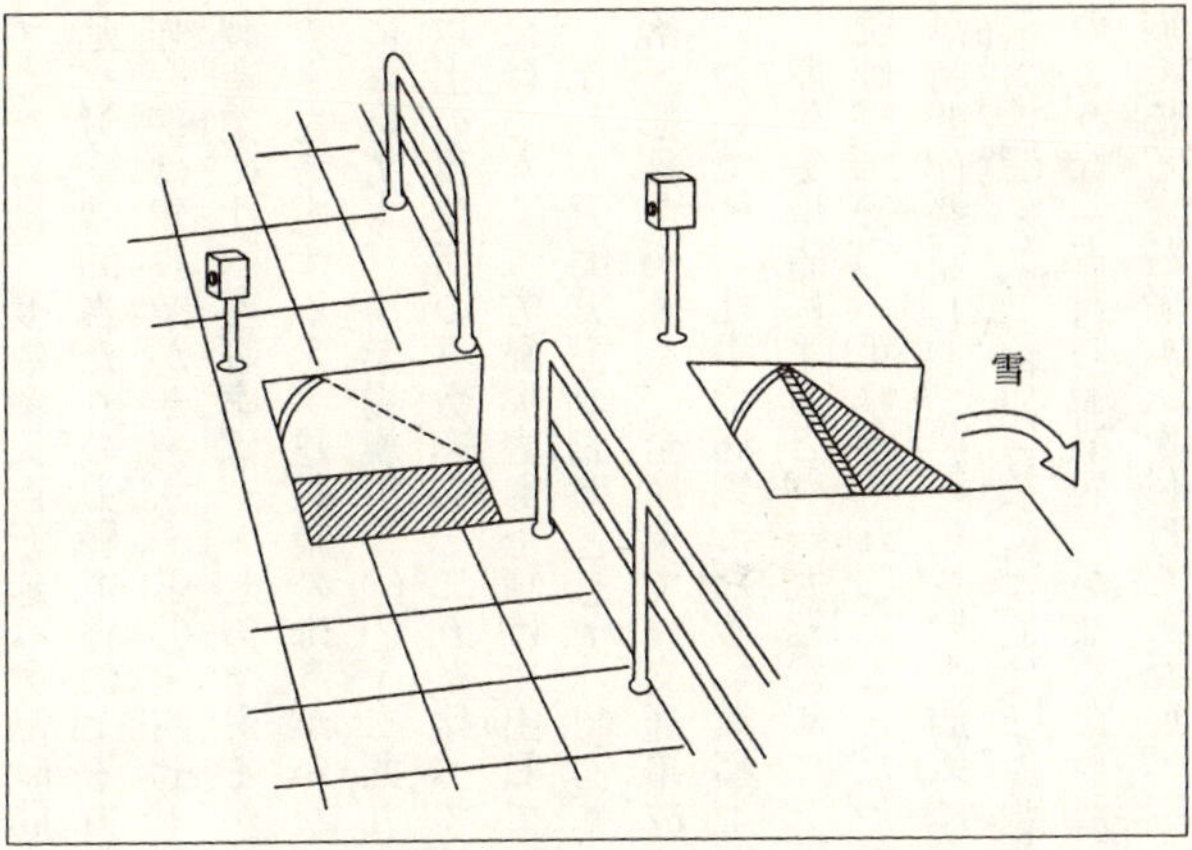

図1.4 屋上の雪捨てスロープのアイディア

ここで、簡単に日本の労災統計をみてみよう。数字の嫌いな人は次の節へどうぞ。

死者数は一九六一年に六、七一二名に上ったが、労働安全衛生法の施行をきっかけに急ペースで減少し、八一年に初めて三千人を切って二、九一二人になった[5][6]。九八年からはついに二千人も切って、二〇〇二年の死者は一、六五八人、休業四日以上の死傷者数は一二五、九一八人である[7]。これを業種別にみると、死者の三六・六パーセントは建設業、次いで製造業が一六・六パーセント、さらに陸上貨物運送事業の一四・一パーセントが続き、死傷者では製造業二六・一、建設業二四・三、陸上貨物運送事業の一一・〇パーセントの順となっている。

労災の絶対件数や死傷者数は従業員数や仕事量に左右されるので、安全成績を比較検討するために、度数率（百万延べ労働時間当たりの労働災害による死傷者数）や強度率（千延べ労働時間当たりの労働災害による労働損失日数）が使われる。二〇〇一年の度数率と強度率は建設業が一・六一と〇・四七、製造業が〇・九七と〇・一〇であった。[8] 建設業は製造業に比べ度数率は一・七倍であるが、強度率は四・七倍もある。すなわち、けがの大きさを考慮すると、建設業のほうがかなり危険ということが読みとれる。しかし、製造業においても、事業場規模一〇〇〜二九九人の小さな企業では、度数率が一・五八で、千人以上の事業所の度数率〇・二五に比べてはるかに高い数値となっている。[7] 大企業は、仕事だけでなく、労働災害も下請けに出しているのである。

なお、労働災害の形態として、製造業では「はさまれ・巻き込まれ」、建設業では「墜落・転落」が多く、全産業では交通事故による死亡が最も多い。

ついでに、仕事で病気になる「業務上疾病」も調べてみよう。[5][6]

厚生労働省によると、一九七〇年に三万人を超えていたものが、その後は着実に減少を続け、二〇〇二年は七、五〇二人となっている。[7] 昔は、炭坑などで粉塵（ふんじん）を吸い込みながら長時間作業をし、「塵肺（じんぱい）」という病気になる人や、チェーンソーで木を切る仕事の人が「白蠟病（はくろうびょう）」という指が真っ白になって感覚がなくなる症状に苦しむ例なども多かった。そのような「古典的職業病」がなくなったわけではないが、現在の業務上疾病の過半数は腰痛である。読者も気を付けられたい。

医療事故

一九九九年の一月から三月にかけて、医療現場での重大なミスが頻発し、マスコミに大きく取り上げられた。

初めは、一月一一日に起きた横浜市にある大学付属病院での患者の取り違えである。なんと、心臓の手術をすべき人から肺の一部を切除し、肺の手術をすべき人の心臓弁の一部を切り取ってしまったのである。

横浜市の医療事故調査委員会の報告書によると、この二人の男性患者は、一人の看護師によって病室から手術室に運ばれ、交換ホールと呼ばれる場所で別の看護師に引き渡された。交換ホールは、病室の雑菌が手術室に持ち込まれるのを最小限にするための最新設備である。ここでは、ストレッチャー（車の付いたベッド）を病室側に残して、患者の身体だけを、大きな窓口のようなところから手術室側に移す。カルテは別の窓口で渡す。このとき、二人の身体とそれぞれのカルテが立て続けに受け渡しされたため、HさんはIさんのカルテと、IさんはHさんのカルテと一緒にされて手術室に運ばれてしまったのである。

二月一一日には、東京の病院で、点滴後に血液凝固を防ぐ薬を注射された女性患者（五八歳）が突然「胸が熱い」と苦しみだし、二時間足らずのうちに死亡してしまった。状況から推測して、どうやら彼女は消毒液を注射されてしまったらしい。

新聞報道によると、事故のプロセスは以下のとおりである。

前夜、夜勤のJ看護師が、血液凝固を防ぐヘパリンナトリウムを生理食塩水で薄めた溶液一〇ミリリットル入りの注射器五～六本を用意し、フェルトペンで「ヘパ生」と書いて保冷庫に入れた。翌朝、K看護師（二九歳）は、関節リウマチの手術を受けたLさんに点滴するための抗生物質のボトルと、「ヘパ生」の注射器を一本、保冷庫から取り出してナース・ステーションの処置台に置いた。さらに、別の患者に使うための外傷用消毒液「ヒビテングルコネート液」を瓶から注射器に吸い取り処置台に置いた。一時的に、同じ無色透明の「ヘパ生」と「ヒビグル」が、同じ大きさで同じ形の注射器に、ほぼ同量が入った状態で処置台に置かれていたことになる。K看護師は、消毒液の入ったほうの注射器に「ヒビグル」と書いたメモをテープで貼り付けて、処置台の後ろの流しに移したという。

その後、M看護師（二五歳）が抗生物質のボトルと「ヘパ生」注射器を持ってLさんの病室に行き、抗生物質を点滴、引き続いて点滴用チューブの途中に「ヘパ生」を注入した。「ヘパ生」は、針が刺さった箇所で血液が凝固するのを防ぐ目的で、針につながった管内に満たしておく薬剤なのである。ところが数分後に患者の容態が急変し、ついには亡くなってしまったのである

ナース・ステーションには、「ヘパ生」とフェルトペンで書かれた上に「ヒビグル」と書いたメモの貼られた注射器が残っていた。そして、その中身は「ヘパ生」だった。つま

り、K看護師は「ヒビグル」を入れた注射器でなく、J看護師の作った「ヘパ生」注射器のほうに「ヒビグル」のラベルを貼って流しに置いたものと推定される。処置台に残ったのは「ヒビグル」注射器だったのである。

この他にも、血液型を間違えて輸血したり（京都）、膵臓癌の患者に肺炎の薬を点滴したり（大阪）、子宮外妊娠の手術をした際にガーゼを腹部に置き忘れたり（岩手）、消毒液の点滴がさらに二件（北海道と鹿児島）など、次から次へと医療ミスが明るみに出た。

じつは、このような医療事故は決して新しい現象ではなく、以前からあちらこちらの医療機関で頻繁に起きている。産科で同じ名字の中絶希望の女性と間違えて、出産予定の妊婦から四か月の胎児をおろしてしまったり（一九八七年、福島）、レントゲン写真を裏返しに見た医師が、腫瘍のある左の腎臓ではなく正常な右の腎臓を摘出してしまったり（一九八八年、山形）、看護師が消毒液を浣腸して患者が死亡したり（一九九三年、奈良）、鼻から栄養補給をするためのチューブと間違えて、静脈に入れたカテーテルにミルクを注入して生後三か月の女児が死亡したり（一九九七年、和歌山）と枚挙にいとまがない。長年腹痛に悩まされていた男性が、人間ドックでレントゲンを撮ったら、二一年前の手術の際に置き忘れられた長さ一〇センチのハサミが発見されたという、笑えない話まである。

筆者のみるところ、製造業の工場などに比べ、医療現場のヒューマンエラー対策は非常にお粗末である。同じ注射器に血液凝固防止薬と消毒液を入れたり、区別しにくいチューブを血管と消化管につないだりするなど、絶対にすべきではない。患者の確認方法や、血液型、投与する薬剤などの確認方法もいくらでも工夫の余地があるように思われる。それが行われずに、何度も同種の事故が繰り返されるのは、カルテを患者や家族にみせないことに象徴される医療機関の権威主義、秘密主義の弊害であろう。ミスをして患者を死なせた看護師が遺族に謝ろうとするのを、病院当局が止め、カルテの改竄まで行ったというような噂も、「あるかもしれない」いや「大いにありうる」と思わせるほど、一部の医療機関は堕落している。

事故、エラー、ヒヤッとしたりハッとした体験の情報がもっとオープンにされ、その情報に基づいて、各医療現場において、医師、看護師、検査技師、薬剤師、事務員が対等の立場でエラー防止対策を真剣に話し合い実行すれば、医療ミスはずっと少なくなるに違いない。

家庭内事故

厚生労働省の人口動態統計によると、二〇〇一年に交通事故以外の不慮の事故で死亡した人は二七、一一八人、その半数近く一一、二六八人は、家庭で起きた事故が原因で亡くなっている。[1]

家庭内事故の原因としては、食べ物や物体を喉に詰まらせての窒息が三、五二九件（三一パーセント)、浴槽などでの溺死が三、二七四件(二九パーセント)、転倒・転落二、二六五件(二〇パーセント)、火災やストーブでやけどをしたり煙に巻かれてが一、一九九件(一一パーセント)、農薬、医薬、ガスなどによる中毒三六二件(三パーセント)などとなっている。[1]

家庭内事故の犠牲者の多くは高齢者である。すなわち四四歳以下を全部合計しても一、一三〇人で全体の約一〇パーセントにすぎないのに、六五歳から七九歳の人が四、〇四七人で三六パーセント、八〇歳以上は四、三七八人と三九パーセントにのぼる。つまり、六五歳以上が実に七割以上を占めるのである。この年代では、交通事故死(厚生労働省統計)が四、八六一人だから、その一・七倍も家庭内事故で亡くなっていることになる。

階段は勾配を緩やかにし、手すりをつけ、ステップの端に滑り止めをつける、家の中の段差をできるだけなくすなどの対策で、ある程度は転倒、転落の危険を減らすことができる。浴室やトイレにも手すりが欲しい。住宅改造には金がかかるから、誰もがすぐに行える対策ではないことも事実であるが、行政の福祉サービスで工事代金に補助が出たり、場合によっては無料でやってくれるものもあるから相談してみるとよい。

ただし、家庭内での転落・転倒というと、階段から落ちることを真っ先に想像するが、高齢者では、むしろ床で足が滑ったり、つまずいたりするほうが多い。人口動態統計の死因分類で、「スリップ、つまずき及びよろめきによる同一平面上での転倒」と「段及びステップからの転落及びその上での転倒」とを比較すると、六四歳まではほぼ同数なのに、六五歳から七九歳では三七四人対一七五人、八〇歳以上では五三五人対一二五人となる。ワックスのきいたフローリング、部屋と部屋の間の小さな段差、床をはう電気のコード、出したままの座布団などが、案外大きなリスク要因なのである。

誤飲対策としては、目の悪いお年寄りが間違って口にしないよう、洗剤などを食卓や洗面所に置かないよう家族は気をつけねばならない。餅(もち)が喉につかえたら、掃除機で吸い出すとか、ネギで押し込むとよいなどともいわれている。

これから超高齢化社会を迎える日本にとって、家庭内事故の予防は社会全体で取り組まなければならない重要な課題である。

ヒューマンエラーの定義

イギリスの心理学者ジェームズ・リーズンは、『ヒューマン・エラー』と題する著書の中で、エラーを「計画されて実行された一連の人間の精神的・身体的活動が、意図した結果に至らなかったもので、その失敗が他の偶発的事象の介在に原因するものでないすべての場合」と定義している。(9)「意図」する主体は「活動」する本人と考えてよいだろう。「活動」に「精神的」なものも含まれるということは、動作の失敗だけでなく、判断や決定のミスもエラーの一部ということになる。動作が計画段階から間違っていた場合もエラーである。

この定義は、ミスをした本人の意識体験によく一致する。「おっと」、「いけない」、「しまった」、「そんなつもりじゃなかった」、「まさかこんなことになるとは」など、エラーをおかしたときに上げる声は、意図に反する結果に対する驚きを表している。

しかし、そもそも意図が間違っていた場合はどうだろう。Aというボタンを押すべきときに、Bが正しいと思って、「Bを押す」という意図のとおりに実行した場合でも、やはりエラーと呼ぶのが普通だろう。ボタンを押す意図（目的）が、たとえば「バルブCを開く」というものであったとすれば、Bボタンを押してバルブDを開いてしまったことは、確かに、意図に反する結果を生んだ活動である。ところが、さらに、「バルブCを開く」という判断自体が誤りで、実はバルブDを開くのが正解だったとしよう。いわゆる「結果オーライ」というやつである。この場合、オペレータの操作はエラーだろうか。

結局、意図にはいくつもの段階があり、活動の結果をどのレベルの意図と比べるかによって、その活動がエラーとも、エラーでないとも呼べることになってしまう。また、本人にとっては意図した結果でも、同僚や上司にとってはそうでない場合、「エラー」とみなされる可能性がある。

一方、人間工学では、「システム」の働きに対して有害かどうかによって、ヒューマンエラーを定義することにしている。システムの構成要素として人と機械を考え、人の側の要因（ヒューマンファクター）でシステムにトラブルが生じる場合を「ヒューマンエラー」と呼ぶのである。たとえば、ジョバンニ・サルベンディという人間工学者が編集したハンドブックによると、「ヒューマンエラーとは、システムによって定められた許容限界を超える人間行動の集合の任意の一要素である」と定義されている。[10] マーク・サンダースとアーネスト・マコーミクが書いた教科書では、「効率や安全性やシステム・パフォーマンスを阻害する、あるいは阻害する可能性がある、不適切または好ましからざる人間の決定や行動」とある。[11]

道路交通システムを例に説明しよう。あらゆるシステムには働く目的と構成要素がある。道路交通の場合は、人や物を輸送するというのが目的であり、構成要素としては、道路、信号、自動車、自転車、ドライバー、歩行者、警察などがあげられる。構成要素自体がシステムである場合は、サブシステムと呼ぶ。道路、信号、自動車、警察などはサブシステムである。事故を起こすと、輸送というシステム・パフォーマンスを阻害するから、事故の原因となった、あるいは事故の原因となりうるドライバーの脇見、信号無視、スピード違反、ハンドル操作の失敗などはヒューマンエラーである。これらは、道路交通法などで禁止されている行為であるから、「システムの許容限界を超える人間行動」でもある。

システムとの関連でエラーを定義する立場は、システムを設計したり運営したりする立場にとっては有用だが、エラーをおかす側からみると、たとえば職場のボイラーを空焚きして壊したらエラーなのに、台所で鍋を空焚きしてもエラーではないというダブルスタンダードが納得しがたい。エラーを研究する立場としても、この二つの人間行動に本質的違いがあるとは思われない。

さらに、前記二つの人間工学的定義では、結果的に失敗しなくても、違反や不安全行動は「システムの許容限界を超える」、あるいは「システム・パフォーマンスを阻害する可能性がある」ということでヒューマンエラーとする。しかし、意図的におかす違反を、意図しないでおかしてしまう失敗と一緒にして「ヒューマンエラー」と呼ぶのはいかがなものか。確かに「システム」にとっては、自らの一部品であるヒューマン・オペレータの意図などはどうでもよいのかもしれないが、人間行動としては、エラーと違反は全く別物である。この点については、第六章で詳しく解説したい。

筆者は「ヒューマンエラーとは、人間の決定または行動のうち、本人の意図に反して人、動物、物、システム、環境の、機能、安全、効率、快適性、利益、意図、感情を傷つけたり壊したり妨げたもの」と定義したい。「人」には本人や同僚や近所の住民、通りがかりの人が含まれる。「物」や「システム」には本人が使用したり、利用したり、中で働いているもののほか、たまたま近くにあって被害を受けたものも含まれる。「動物」を入れたのは、獣医さんが手術でミスをした場合とか、ペットを誤って死なせてしまった場合などがエラーと考えられるからである。原発事故や化学プラント事故の最大の被害者が環境であるにもかかわらず、これまでエラーの定義で「環境」が省みられなかったのも不思議である。

この定義に従えば、産業事故や労働災害を引き起こすエラーも、日常生活の中のうっかりミスも、人違いも失言も勘違いも忘れ物も、すべてヒューマンエラーであるが、サボタージュやヴァンダリズム（破壊行為）のように、わざとしくじったり、壊したりするのは含まれない。違反や不安全行動も、本人の意図に反して捕まったり事故を起こさない限りエラーとはならない。

次章からは、このヒューマンエラーのメカニズム、背景要因、予防対策などを考えていこう。

文献

（1）厚生労働省『平成一三年人口動態統計』二〇〇三年
（2）内閣府編「平成一五年版交通安全白書（概要）」http://www8.cao.go.jp/koutu/
（3）交通事故総合分析センター編『交通統計（平成一三年版）』二〇〇二年
（4）警察庁交通局「平成一四年中の交通事故の発生状況」http://www.npa.go.jp/
（5）中央労働災害防止協会『安全衛生年鑑（昭和六二年版）』一九八七年
（6）中央労働災害防止協会『安全衛生年鑑（平成一〇年版）』一九九八年

（7）労働省労働基準局編『安全の指標（平成一五年度）』中央労働災害防止協会、二〇〇三年

（8）安全衛生情報センター「業種別労働者死傷災害発生率（度数率・強度率）」http://www.jaish.gr.jp/

（9）James Reason "Human Error", Cambridge University Press, 1990

（10）D.P. Miller and A. D. Swain 'Human error and human reliability', In G. Salvendi (ed) "Handbook of Human Factors", Wiley-Interscience, 1987

（11）M.S. Sanders and E.J. McCormick "Human Factors in Engineering and Design", Sixth Edition, McGraw-Hill, 1987

第二章　見間違い、聞き違い、勘違い

エラーの分類と対策

人間は情報処理装置にたとえられる。目や耳をつかって外部から情報（光や音）を取り入れ、その情報を中枢（脳）で処理して知覚や認知が生じる。たとえば、波長五八〇ナノメートル（ミリメートルの百万分の一）の光を感じて、それが黄色のランプだと知覚し、「注意」という意味の交通信号だと認識する。

ここまでのプロセスだけでも本が何冊も書けるほど複雑なメカニズムが含まれるが、全部ひっくるめて「入力過程」と呼ぼう。

次の段階では、認知したいくつかの情報を集めて状況判断を行い、それにどう反応、あるいは対処するかを決定する。

信号が黄色に変わったこと、交差点までの距離、現在の速度、後続車との車間距離、路面の滑りやすさ、対向車線に右折待ちの車がいるかどうかなどを瞬時に判断して、ブレーキを踏むかアクセルを踏むかの意思決定がなされる。

この段階を「媒介過程」と呼ぶ。

最後は、動作の意図に基づいて一連の動作が選択され、順に遂行されていく過程である。ブレーキを二回軽く踏んで後続車に合図してから三回目にしっかり踏む、減速したところでクラッチも踏んでギアをニュートラルにする、停車する前にちょっとブレーキを緩めてまた踏み直す。このような一連の動作がセットになって起動される。

この段階を「出力過程」と呼ぶ。

さて、以上三つの情報処理段階のどこで失敗が起きたかによって、ヒューマンエラーを三つに分類することができる。すなわち、入力エラー、媒介エラー、出力エラーである(図2・1)。

以前、日本人間工学会の安全人間工学部会がまとめた化学プラント事故の分析マニュアルに、作業ミスの形態として「認知・確認のミス」、「判断・決定のミス」、「操作・動作のミス」という項目があるが[1]、ほぼ、右の三分類に対応したものといえる。

この分類の優れた点は、表面上のエラー形態ではなく、人間内部の情報処理過程に着目していることであり、そこから対策の大ざっぱな基本が導かれるのである。

たとえば、Aというボタンを押すべきところ、隣のBというボタンを押してしまったとしよう。表面上、このエラーは「対象の取り違え」と分類されるかもしれない。しかし、ある場合には、BとAを見間違えたために取り違えた「入力エラー」かもしれないし、B

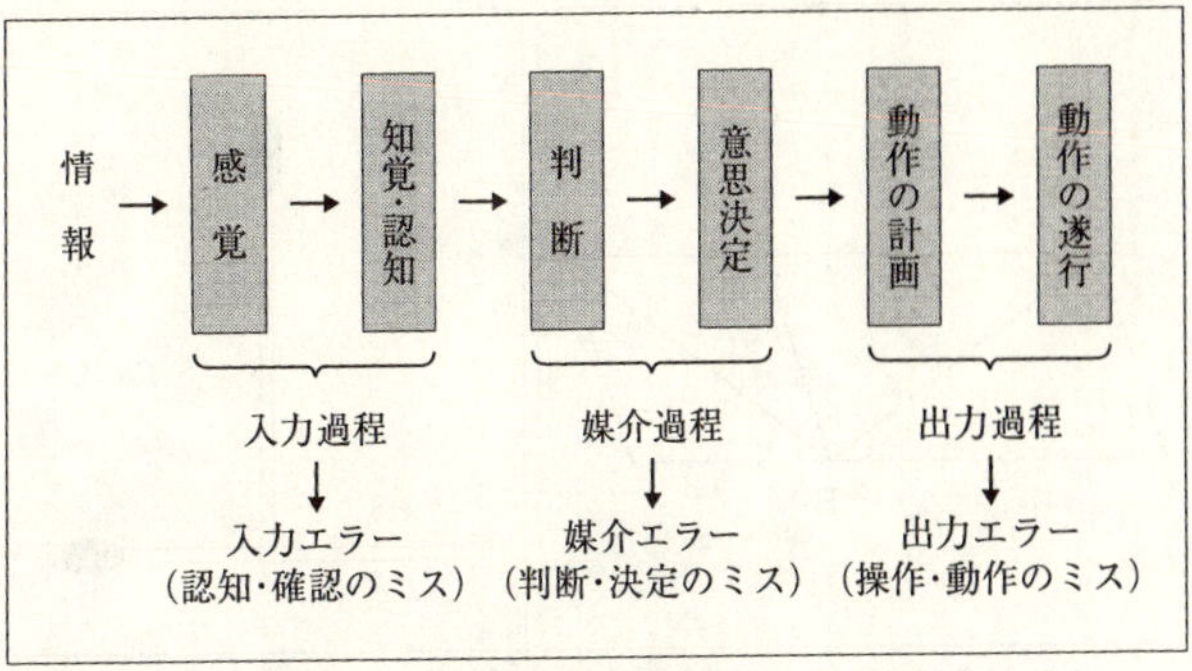

図2.1　人間の情報処理過程とエラー分類

を押すべきだと誤判断してBを押した「媒介エラー」かもしれない。また、ある場合には、Aを押そうとして手を伸ばしたのにBに触ってしまった「出力エラー」の可能性もある。

見間違えたのなら、見間違えにくいようにボタンを色分けするとか、形で区別するとか、大きなラベルを取り付けるとかすればよい。すなわち、入力エラーには、情報表示、通信装置の改良が有効な対策である。最近の電気製品や電話機は、小型で多機能だから、ボタンやつまみがたくさん付いていて、そのラベル（「電源」、「音量」などの文字）は呆れるほど小さい。少々見栄えが悪くなっても、大きな文字で書いたラベルを付けたり、色つきのシールでも貼っておくとよい。

判断を誤ったのなら、なぜそのように判断したのかを調べ、システムや機器のしくみに関する誤解や無理解を直さなければならない。媒介エラーには教育の対策が基本である。あなたも、もう一度、家や職場でつ

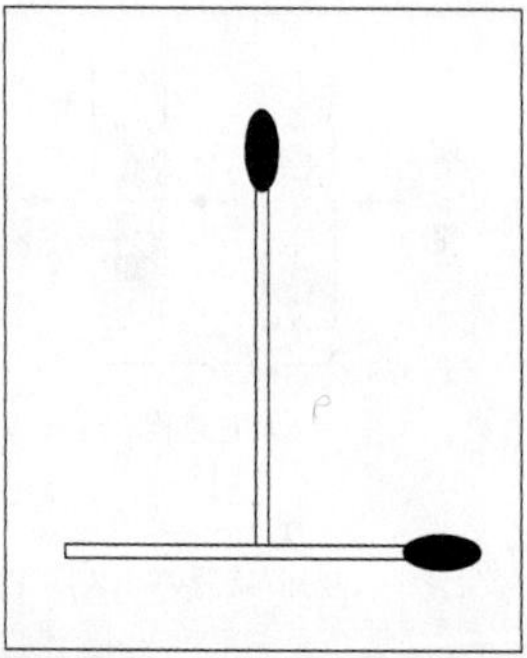

図2.2 マッチ棒の長さの錯視

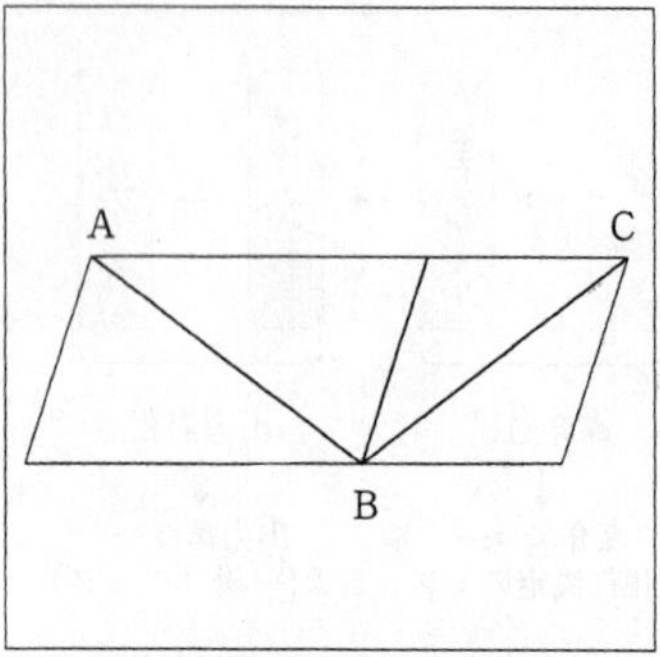

図2.3 対角線の錯視（AB＞BC？）

かっている機器のマニュアルを読み直してはどうだろう。

押そうと思ったのとは違うボタンを押してしまうのは、小さなボタンがぎっしり並んでいるためであろう。ボタンではなく、コントロールの失敗という場合なら、コントローラのつかい勝手が悪いか、操作者の技量が未熟だった可能性が高い。したがって、出力エラーには操作器の人間工学的改良と、操作の練習（訓練）が有効である。間違って押してしまっては困るボタンやスイッチにはカバーを付けておくのも自衛策の一つである。

入力過程の不思議

簡単な実験をしてみよう。

マッチ棒を二本用意する。マッチ棒でなくても、同じボールペンを二本でも、箸（はし）を一膳（ぜん）でも、とにかく長さの等しい二本の棒なら何でもよい。それを逆さT字

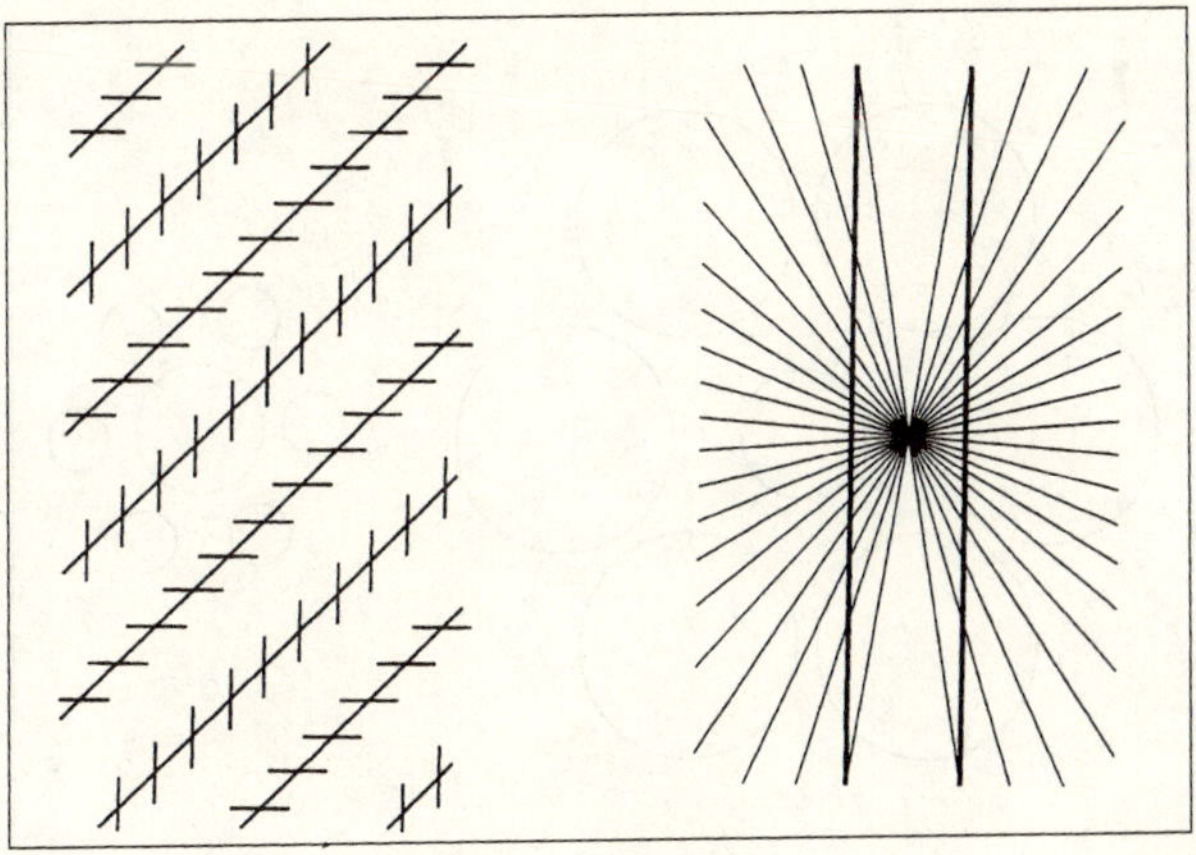

図2.4 平行線の錯視

型に組み合わせて机の上に置いてみよう（図2・2）。縦のほうが横より長くみえるだろう。人間の知覚は物理的な寸法を正確に反映するものではないことがわかる。

長さを錯覚する例としては、図2・3がおもしろい。

線分ABと線分BCが同じ長さであることを定規で確かめてほしい。測ってみても、なお信じられないくらい長さが違ってみえるだろう。

図2・4の二つの図形では、平行線が平行にみえない。図2・5の左右二つのブロックの中央の円は、ともに同じ直径であるが、右のほうがだいぶん大きくみえるだろう。

このような錯視や錯覚のメカニズムは、まだ十分には解明されていないが、要因のいくつかは推定できる。それらを知ることで、ヒ

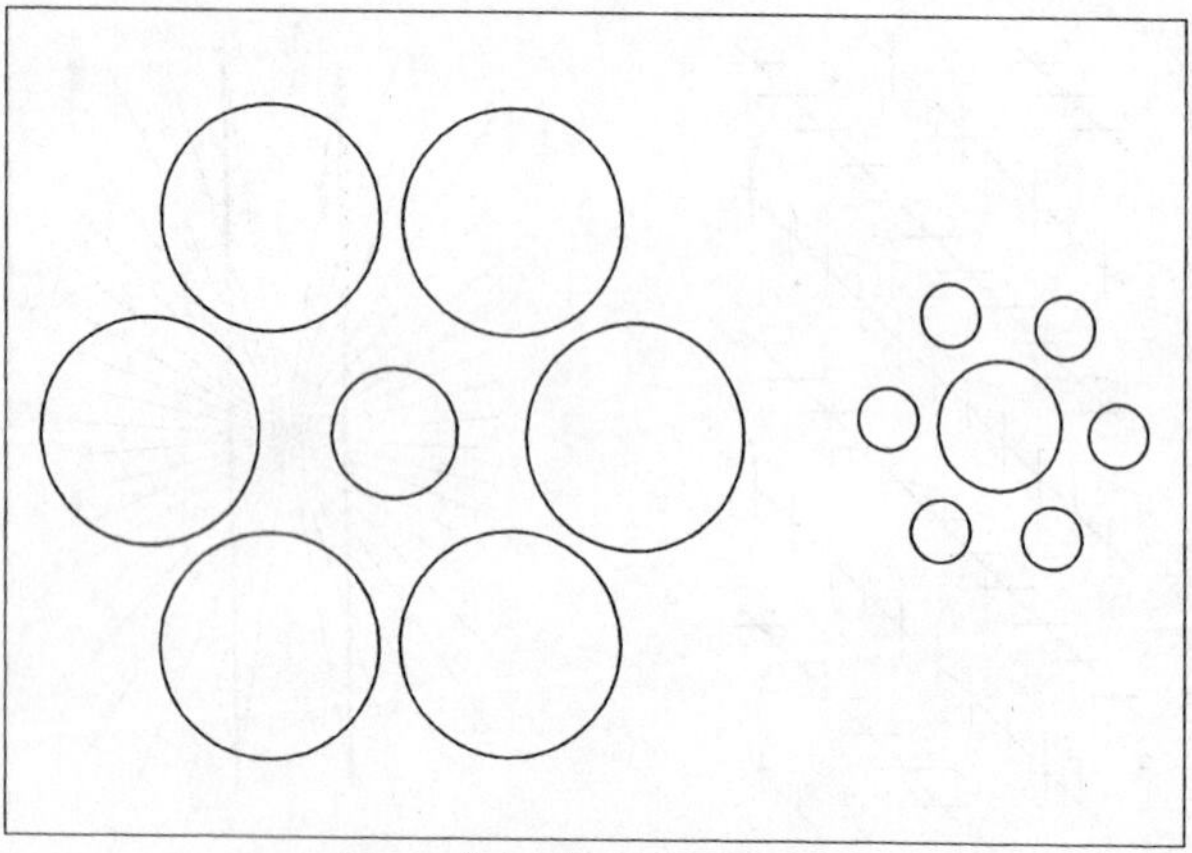

図2.5 中央の円は同じ大きさ？

ューマンエラーの一部が予防できると思われるので、ここで解説したい。

奥行きの知覚と大きさの知覚

人間が物をみるということは、目の網膜にある細胞が光に反応し、その反応が脳に伝えられて情報処理が行われることである。網膜は眼球の内側に沿って湾曲しているが、平面である点では写真のフィルムと同じである。では、二次元の平面で受け取った情報から、どうして三次元の奥行きのある世界が認識できるのか。この仕組みが、実は錯覚と深いかかわりがあるのである。

図2・6に描かれている四人は、平面上では同じ背の高さであるが、目でみた印象としては図に奥行きが感じられ、遠くにみえる人ほど背が高くみえるだろう。これは、われわ

れが住んでいる三次元の世界なら、同じ身長の人が遠くと近くにいる場合、遠くの人ほど網膜像が小さくなることをわれわれが経験的に知っているからである。そして、平行線は遠くにいくほど間隔が狭くなるようにみえることや、等間隔に立つ電柱は遠くにいくほど間隔が小さくなるように網膜にうつることも知っている。したがって、図2・6の背景の線は、知覚されるイメージに奥行き感を生み、その中に立つ四人が、物理的にはみな同じ大きさの網膜像を結んでいることから、遠くの人は背が高く、近くの人は背が低いというイメージが知覚されるのである。

図2.6　4人の身長は等しい？

このような、みかけの距離とみかけの大きさが比例する関係は、「大きさ／距離＝一定」の法則という。先に、「われわれが経験的に知っている」と書いたが、これは必ずしも個人個人が経験から学ぶという意味ではない。もちろん、赤ん坊のときに、たとえばガラガラがどのくらいの大きさで網膜にうつったとき、どのくらい手を伸ばしたら届くのか、

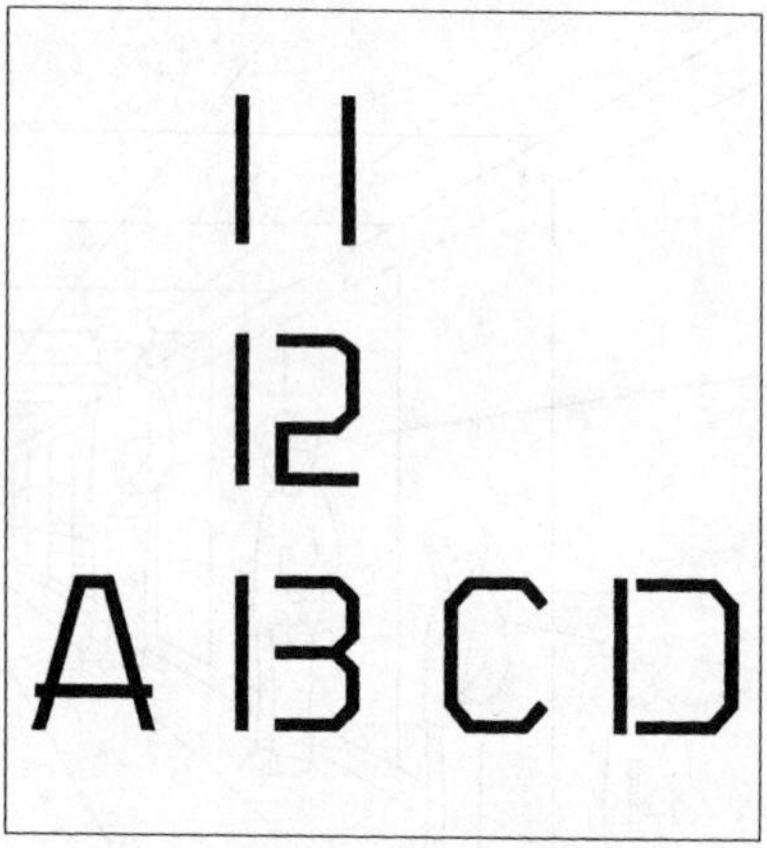

図2.7 Bか13か

ママがどのくらいの大きさのとき、どのくらいの声で泣けば振り返ってくれるのかなどを体験的に学習することは、知覚システムの発達にとって重要なことではある。

しかし、その前に、人間が進化の過程で（おそらく魚だった時代に）「大きさ／距離＝一定」の法則を獲得し、脳の情報処理プログラムに組み込むための遺伝子を子孫に伝えたからこそ、三次元空間での生存競争に勝ち残ることができたのであろう。

トップダウン・プロセス

距離と大きさの知覚プロセスに、無意識的、自動的な推論プログラムが働いていることが理解できただろうか。このようなプログラムは、距離と大きさだけでなく、知覚のあらゆる側面で重要な役割を果たしており、錯覚を生じるメカニズムとも表裏一体の関係にある。

たとえば、図2・7のA、C、Dを指で隠して人にみせると、AとCの間の文字は数字の13と読まれるであろう。11と12を隠せばアルファベットのBと読まれることは確実である。

　これは、あいまいな刺激については周囲の情報を活用して推察するプロセスが介在するからである。ここで注意すべき点は、このようにして知覚がいったん成立すると、「あいまいさ」の印象はたいていの場合残らないことである。意識的に推察したのでないかぎり、Bと読んだ人はB、13と読んだ人は13と確信するのである。

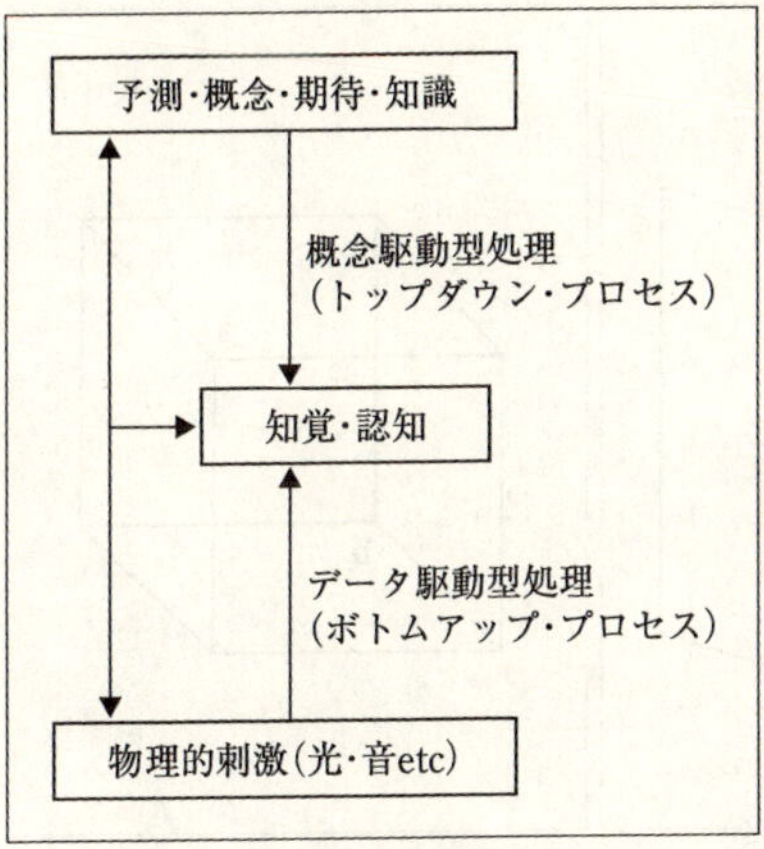

図2.8　人間の情報処理の2つの流れ

　つまり、知覚（みる、聞く、味わう、触って感じる、などなど）のプロセスには、物理的な刺激（光や音）が末梢（まっしょう）から中枢に向かって神経回路で情報処理される過程だけでなく、中枢の高次の働き、すなわち、推理、予測、期待、知識などが、より低次の情報処理に介入する過程が含まれているのである。前者の過程を「データ駆動型処理」（ボトムアップ・プロセス）、後者の過程を「概念駆動型処理」（トップダウン・プロセス）という（図2・8）。

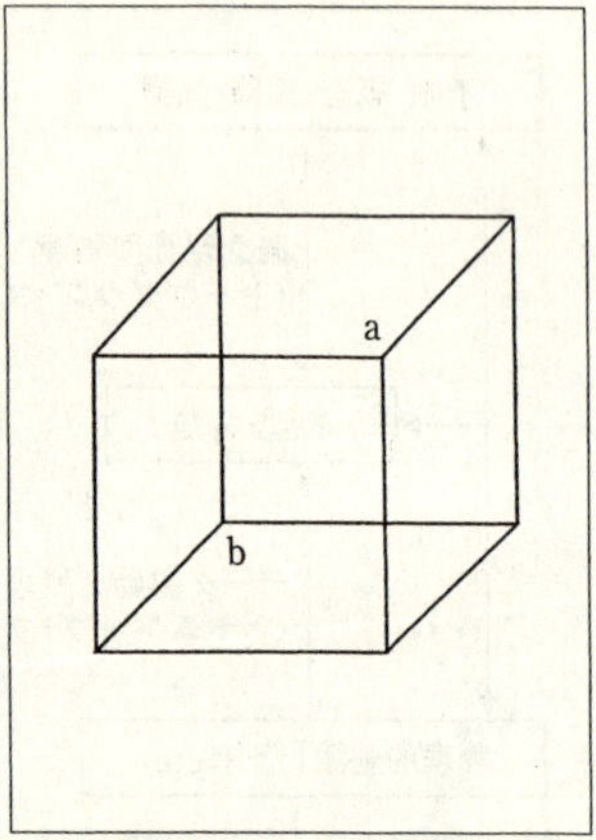

図2.9 ネッカー・キューブ

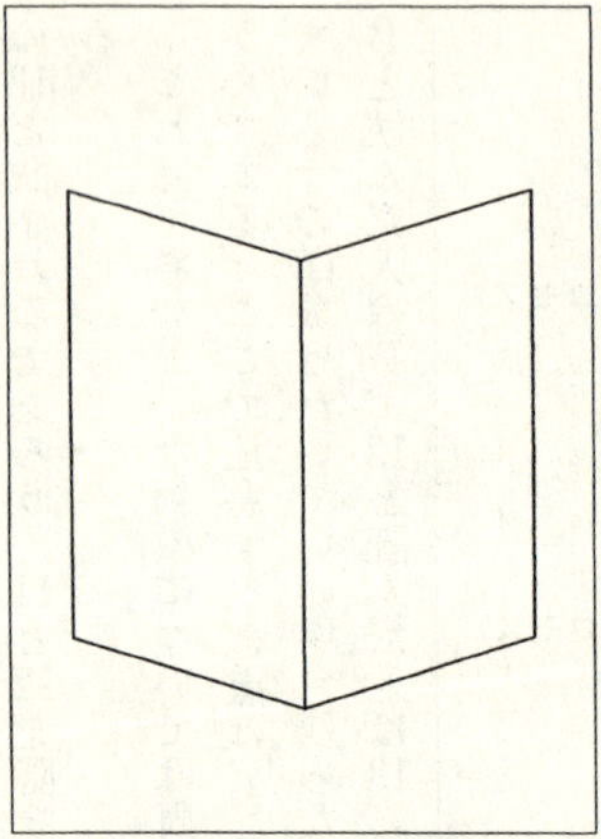

図2.10 マッハの本

図2・9（ネッカー・キューブ）と図2・10（マッハの本）は一つの刺激から二通りの知覚が生じることを示している。

図2・9は立方体を斜め上からみたようにも（aの角がbの角より手前にみえる）、斜め下からみたようにも（bの角がaの角より手前にみえる）知覚できる。図2・10は本の表紙のようにもみえるし、本のページのようにもみえる。どちらも刺激からの情報が足りないので、ボトムアップのプロセスだけでは知覚が定まらないのである。

図2・11はクレーター（隕石孔）の写真であるが、本を逆さにしてみてほしい。窪地がとつぜん丘になったのでびっくりしただろう。

人間は光が上から来る世界に暮らしている。懐中電灯でアゴの下から照らすと恐ろしい顔になるのは、そのような照明に慣れていないからである。図2・11も、光が斜め上方から当たっていると無意識に推定するからクレーターにみえるのであって、地面が上にあって光が右下から当たっている状態を思い描くことができれば、本を正立させたままでも下に出っ張った地形を知覚することが可能である。しかし、それには相当な努力と人並み以上の想像力を要する。

図2・12〜14は知識がないとみえない絵である。説明を読む前によくみてほしい。しかし、いくらみても無意味なパターンにしかみえないだろう。

説明は六〇ページの囲みの中である。いったん知覚が生じたら、さっきはどうしてこの絵がみえなかったのか不思議に思うくらい、はっきりと知覚でき、二度と見失うことはない。

図2.11　窪地か台地か文献(3)

注意の誘導

以前はやった遊びにこんなのがある。

「平山さん、平山さん、平山さんと一〇回いってください」

「では、世界一高い山の名前は？」

ここでヒマラヤと答えると笑い者にされる。正解はエベレスト（またはチョモランマ）である。

「シャンデリアと一〇回いってください」

「七人の小人と暮らしたお姫様の名前は？」

シンデレラではない。もちろん白雪姫である。

見間違い、聞き違いが予測や期待から始まるトップダウン・プロセスに要因があるのと同様、判断や記憶の検索といった、もっぱら脳の中だけの情報処理にも、予測や期待、あるいは先立って行われた情報処理が強いバイアスをかける。

したがって、右のように注意をある方向にもっていくと人間はいとも簡単に勘違いするのである。

もう一つ遊んでみよう

「次の漢字を紙に書かずに答えてください」

「木扁にカタカナのノを三つ」

「木扁にマイニチのマイ」

「木扁に東西南北のミナミ」

「木扁に季節のハル」

「木扁に色の種類のシロ」

「木扁に黄色のキ」

杉、梅、楠（くすのき）、椿、柏（かしわ）と順調に答えてきて、最後にハタと困った人が多いだろう。木の種類に限定された思考の枠を打ち破らないと正解にたどりつかないからである。

図2.12　知識がないとみえない絵１[文献(4)]

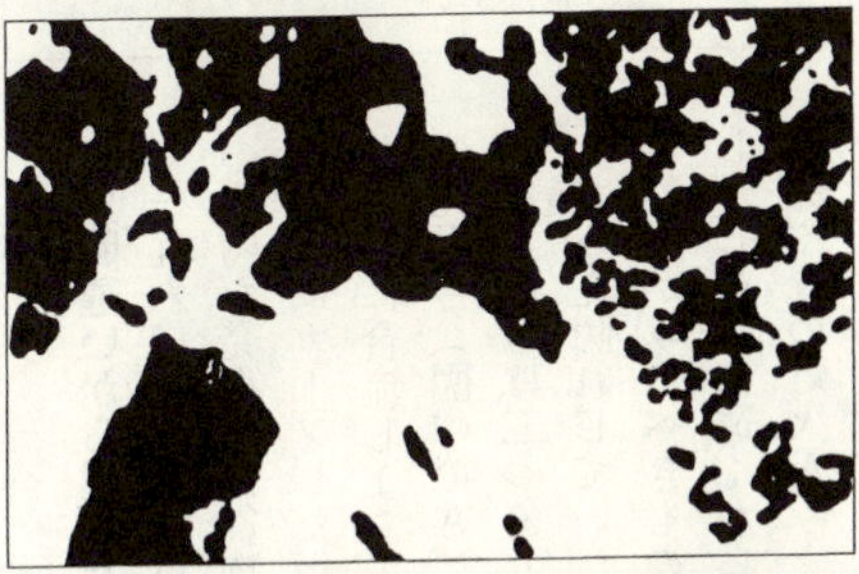

図2.13　知識がないとみえない絵２[文献(3)]

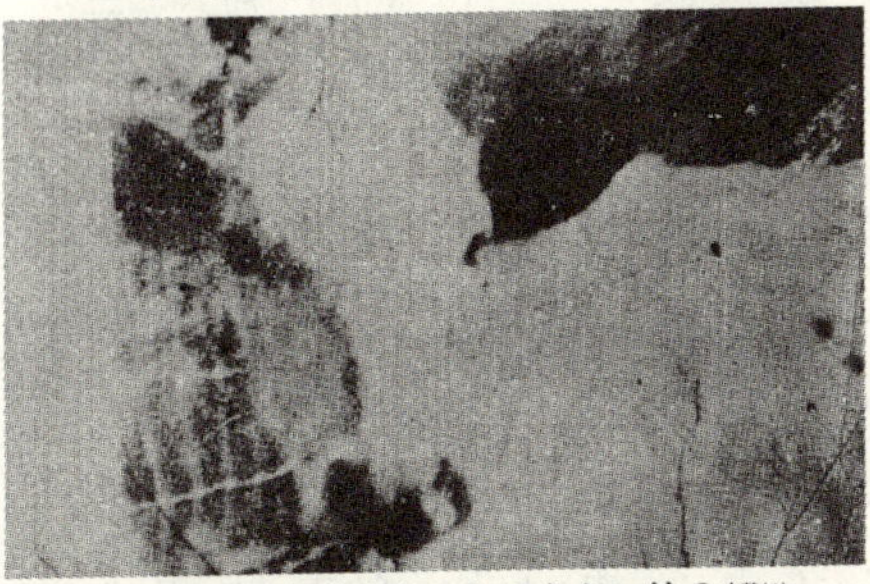

図2.14　知識がないとみえない絵３[文献(3)]

図2.12〜14の見方

図2.12　中央右寄りにトボトボ歩くダルマシア犬がいる．首輪をして，黒い耳はたれている．
図2.13　キリストの肖像．額の途中から胸まで．ひげをたっぷりたくわえている．
図2.14　中央左寄りに大きな牛の顔がある．右側は肩のあたり．2つの目と耳，鼻の先は黒い．

見間違いから起きた三河島事故

一九六二年五月三日、午後九時三〇分頃、三河島駅の構内を発車した貨物列車は、蒸気機関車にひかれてS字状にカーブした坂をゆっくりと上り、常磐線の下り本線に合流しようとしていた（図2・15）。貨物線出発信号（図中のA）は赤であったが、D機関士からみえる信号は三つあり、それらが架線の支柱などによってみえ隠れしていた。図中の信号Cは下り本線を走る列車がみるべきもので、Aはその先の信号である。しかし夜間に遠くから鉄道信号をみると、真っ暗な中に赤や緑の灯火がみえるだけで、消灯しているランプや背板はみえず、遠近も非常にわかりにくい。信号以外にも、街の灯や、先行電車の尾灯、対向列車の前照灯なども目に入る。

D機関士は「そろそろ信号が下りる（＝緑か黄になる）はずの時刻だ」、「登り坂で信号停車すると、発進するのが大変だ。早く信号が下りてほしい」と思っていたことだろう。

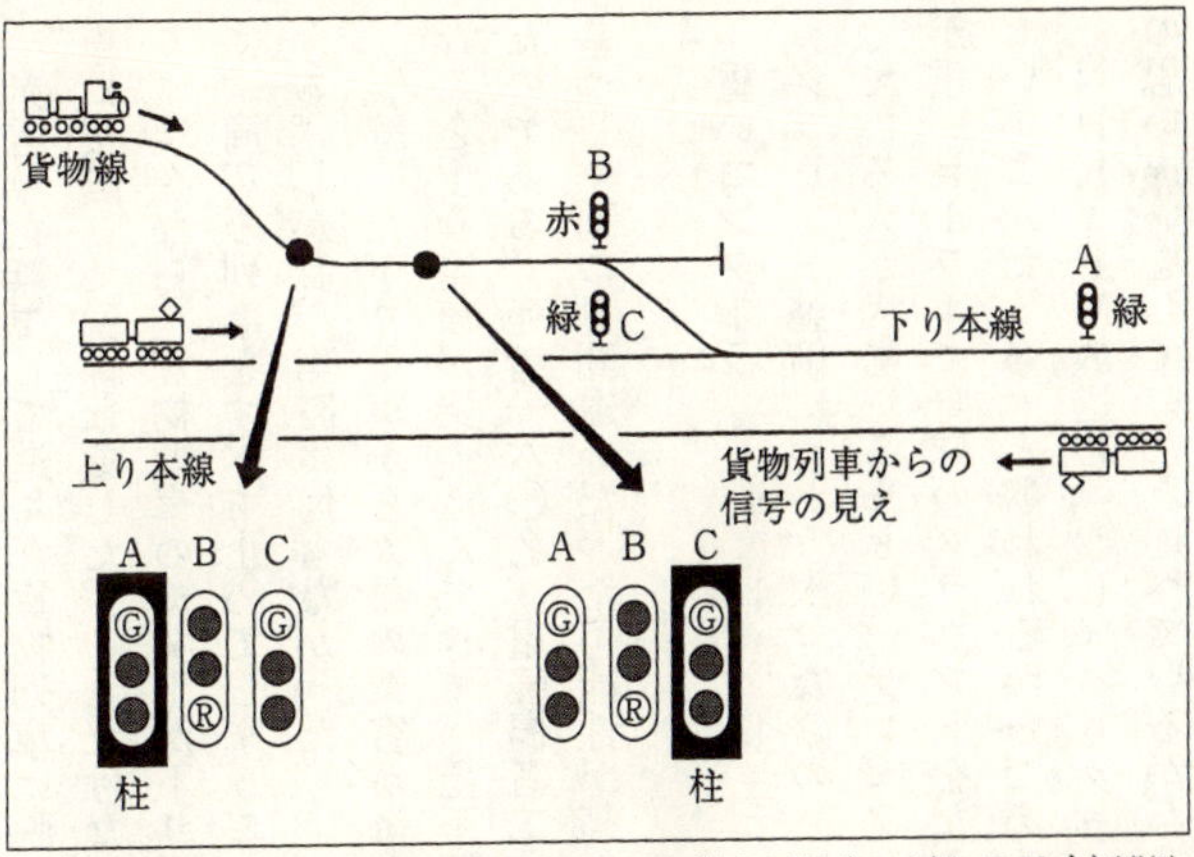

図2.15　三河島事故が起きた現場の配線と信号（Gは緑、Rは赤）文献(2)

実は、当日にかぎり貨物列車に先行する下り電車が遅れていた。下り電車がポイントを通過した後でなければ信号Bは下りないのだが、当時は列車に無線装置がなく、D機関士は電車の遅れを知らなかったのである。

さて、ある瞬間にD機関士が信号をみたら、Aが柱に隠れ、BとCだけがみえていたかもしれない。そして、ちょっと目を離した後でもう一度信号をみたら、Cが隠れ、AとBがみえたとする。D機関士は左側の信号、すなわち自分が確認すべき貨物線の信号が赤から緑に変わったと誤解したのではないだろうか。

以上は、三河島事故の調査をした国鉄の鉄道労働科学研究所の鶴田正一研究室長（その後大阪大学教授等を経て一九八八年没）が、綿密な現地調査などに基づいて推理した仮説である[5]。

赤信号を無視して進んだ貨物列車は脱線し、その直後に来た下り電車も脱線した貨物列車に接触して脱線転覆した。これだけなら、それほどの大惨事にまでは至らなかっただろう。現在なら、貨物列車の機関士か下り電車の運転士が「発報信号」という無線を発信して、周辺の列車をすべて止めてしまうことができる。列車無線で情報を交換することもできる。しかし、当時は何もなかった。

脱線した下り電車から大勢の乗客が降りて、線路上を駅に向かって歩いていたところに、なんと上り電車が突っ込んできて、上下線の間に脱線していた下り電車と激突してしまったのである。死者一六〇名、重軽傷者二九六名という大事故のきっかけは、予測と期待に基づく一瞬の見間違いだった可能性が高い。

重いコンダーラ

グラウンド整備につかう大きな鉄のローラーのことを「コンダーラ」というものだと思っている人が大勢いるらしい。テレビアニメ『巨人の星』の主題曲のバックで、星飛雄馬が重いローラーで野球のグラウンドをならしているシーンがあり、ちょうどそのとき「おもいーこんだーら」と歌われるからである。もちろん正解は「思い込んだら」であるが。

NHK-FM放送の「おしゃべりクラシック」という番組で、司会者の渡辺徹（とおる）氏がこの思い違いをしていたと述べているが、リスナーからの便りでも同じ勘違いをしていたという人があったので、かなりよくあるエラーなのだろう。この番組には「コンダラコーナー」という時間があって、リスナーから様々な思い込み、勘違いの例が寄せられる。いわく、「うーさーぎおーいし」を「ウサギ美味し」（正解は「ウサギ追いし」）と信じ込んでいた、赤い靴履いてた女の子が「いーじんさんに、つーれられーて、いっちゃった」を「ひい爺さんに連れられて行っちゃった」（正解は「異人さん」）と聞き違えていた、「あおーげばとおーとし、わがーしのおん」を「扇げば尊し和菓子の温」（正解は「仰げば尊し我が師の恩」）と誤解していた、「さよならとーかいたーてがみー」を「さよなら、トーカイ、たてがみ」という競馬の歌だと思っていた（正解は「さよならと書いた手紙」）などなど。「ウサギ美味し」と思った人が、さらに、次の「小鮒釣りし」を「子豚釣りし」と聞き違えるパターンもあった。

筆者は、『もみじ』の「こーいもうすーいーも」のところは、魚のコイとウスイが紅葉で染まる谷川を泳いでいる情景を歌っているものと長い間思っていた。そして、ウスイという川魚の種類があると思い込んでいた。どうやらウグイをウスイと覚え違えていたらしい。

思い込んだら史上最大の航空機事故

一件の航空機事故で史上最も死者数が多かったのは、一九七七年三月二七日に大西洋のカナリア諸島にあるテネリフェ空港で起きた、KLMとパン・アメリカン（パンナム）のジャンボジェット機同士の衝突事故である。二機あわせて死者五八三人にのぼった。(6)(7)

この事故は、管制官が、

「オーケイ、離陸の用意をして待て」

といったのを、パイロットが、

「オーケイ、離陸してもよい」

と聞き違えたことに起因して発生した。

ヨーロッパからカナリア諸島を訪れる観光客は、中心地であるラスパルマス空港を目指して来る。しかし、この日は爆弾テロがあったためにラスパルマス空港は一時的に閉鎖されていた。そのため多くの飛行機がいったん別の島にあるテネリフェ空港に着陸し、ラスパルマス空港の再開を待っていたのである。テネリフェ空港は小さなローカル空港で、多くの国際便をさばくことに慣れていない。パイロットたちも早く乗客を目的地に送って仕事を終わりたかっただろう。事故はラスパルマス空港の閉鎖が解除され、テネリフェで待機していた飛行機が順次ラスパルマスへ向けて飛び立つさなかに起こった。

図2・16は事故が起きたときのテネリフェ空港の状況である。誘導路が一本しかなく混雑しているので、パンナム機はKLM機に続いて滑走路を西から東へ走行し、C－4を左折して誘導路に入り、滑走路の東端に出ようとしていた。実は管制官の指示はC－3を曲

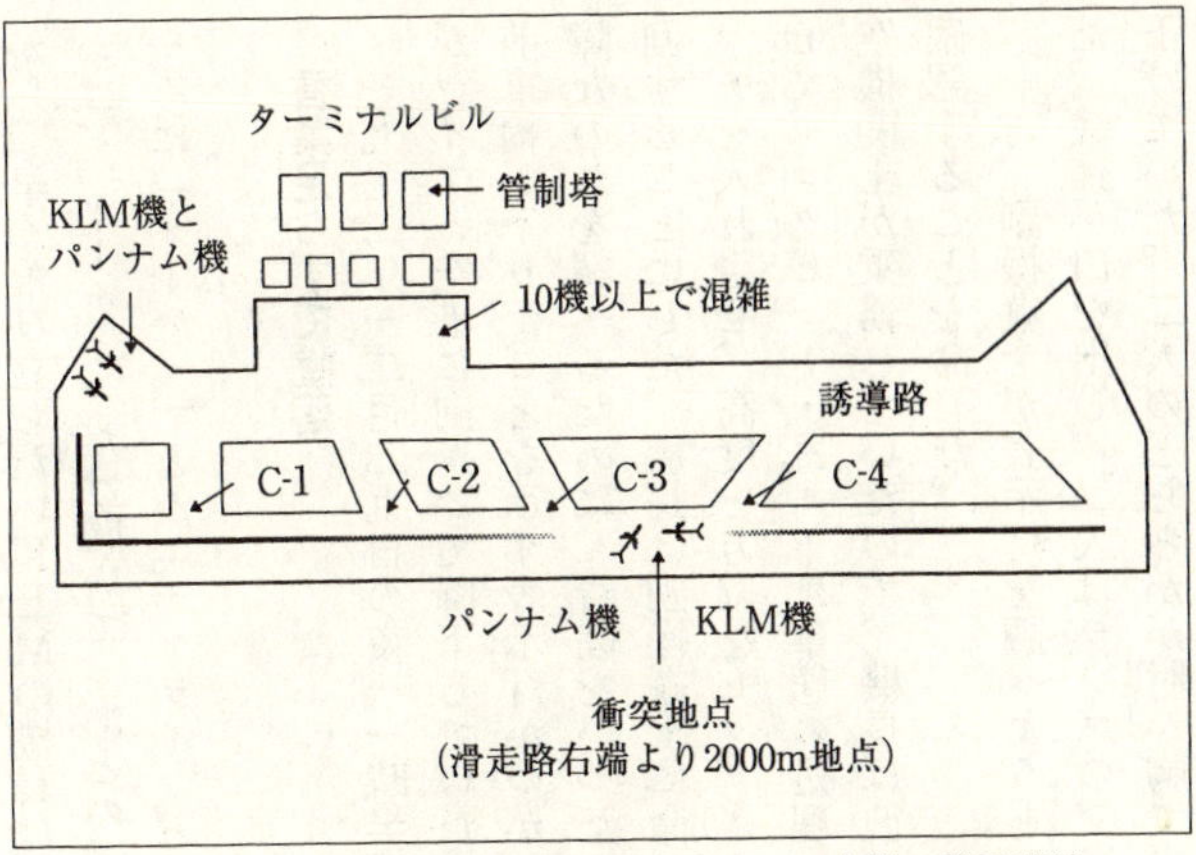

図2.16 事故が起きたときのテネリフェ空港の状況[文献(7)]

がれということだったので、パンナムの機長がちゃんと指示に従っていれば、ＫＬＭ機にぶつけられずにすんだかもしれない。角度がゆるくて回りやすいＣ－４を勝手に選んだのである。

先に滑走路を走って東端で向きを変えていたＫＬＭ機は、管制塔に離陸の許可を求めた。滑走路にパンナム機がいることはコクピットからみえない。しかし、もちろん管制官は知っている。

ＫＬＭ「われわれは今から離陸する」(We are now at take off.)

管制官「オーケイ。離陸の用意をして待て。また連絡する」(OK… Stand by for take-off. I will call you.)

交信には雑音が混じっていた。オーケイとテイクオフ（離陸）だけがはっきり聞こえたから、早く飛び立ちたいKLMの機長は離陸許可が出たものと早合点したのだろう。あるいは、「オーケイ」だけ聞いて、あとの言葉には注意を払わなかったのかもしれない。むやみに「オーケイ」とか「オーライ」というものではない。

言葉足らずで墜落

一九七二年一二月二九日の夜一一時半過ぎ、ニューヨーク発のイースタン航空四〇一便がマイアミ空港に向かって降下していた。ギア（車輪）を出すレバーを操作したところ、前車輪が下りたことを示す表示灯がつかない。実際に車輪が出ていないのか、表示灯の故障なのかを調べるために、着陸をいったん中止し、上昇して空港の上空六百メートルを旋回することにした。機長は副操縦士に命じて自動操縦装置（オート・パイロット）のスイッチを入れさせ、高度と方位をセットさせた。これで、飛行機の操縦はコンピュータに任せて、コクピット・クルーは事態の処理に専念できるわけである。当時はコクピットに航空機関士が乗務していたので、機長は彼に床下の機器室に行って、車輪の状態を目で直接確認することを命じた。

一方、副操縦士が表示灯を調べようとしたが、レンズ・カバーがなかなかはずれなかった。機長が口を出し、二人はランプの交換作業に熱中した。その間に機体は次第に高度を下げていた。二人のどちらかが肘（ひじ）か胸で操縦桿（そうじゅうかん）を押したために、自動操縦が解除され、機首が下がったものと推測される。高度が下がったことを知らせる警報が鳴った。しかし、ランプ交換に夢中のパイロットたちには聞こえない。四分間以上も計器を確認しなかったらしい。自動操縦装置を信じ切っていたのだろう。それに、人は何かに熱中すると時間の経過を忘れるものだ。

高度が二七〇メートルまで下がったとき、マイアミ空港の管制官がレーダーで気づいてイースタン機に無線で呼びかけた。

「そっちはどうなっているんだい？」(How are things coming along out there?)

車輪とランプのことしか頭にない機長は管制塔に答えた。

「オーケイ、旋回して進入コースに戻る」(Okay, we'd like to turn around and come back in.)

またもや「オーケイ」だ。そして、真っ暗なフロリダの湿地帯に落ちていった。この事故で九九人が死亡したが、七七人は重軽傷を負ったものの奇跡的に生き延びた[6][8]。機管制官があいまいな表現でなく、きちんと高度のことをたずねていたら、あるいは、機長がただの「オーケイ」でなく、「車輪のことなら大丈夫だ」といっていればと悔やまれる。

入力エラーの予防

錯覚は人間の知覚や思考のプロセスの正常な働きから派生するものだけに、その防止は容易ではない。錯覚しなければ知覚もできないのである。

しっかり確実に知覚するために、産業現場では「指差呼称（ゆびさしこしょう）」という作業方法が広く実践されている。信号を指差して「出発進行」と声に出したり、計器を指差して「○○異常なし」といったりする。

指差呼称が見間違いなどの入力エラーを予防できるのは、知覚する対象を指差すことによって注意を方向づける、目と耳と口と筋肉をつかって多角的に確認する、脳の覚醒（かくせい）レベルを高めて人間の情報処理精度を上げるなどの効果があるためと思われる。

指差呼称は、入力エラーだけでなく、あわてて間違った操作をしてしまうなどの出力エラー防止にも効果を発揮するが、この点については第七章で詳しく述べたい。

聞き違いによる伝達ミスは、たいていの場合、復唱することによって防止できる。テネリフェでも、ＫＬＭ機の機長がもう一度復唱していれば事故にならなかっただろう。復唱するとき、同じ言葉をオウム返しにするのでなく、同じ意味のことを別の言葉で表現したり補足して返すとなおよい。一つの言葉をお互いが別の意味でつかっていたことがわかる場合があるからである。イースタン航空の機長が「車輪は確認できた」と答えれば、管制官は「高度のほうはどうなってるんだ」と聞き返したかもしれない。

しかし、復唱だけではうまくいかない場合もある。

筆者が電話で

「はがです」

と名前を告げると、

「はださんですか?」

「いえ、はがです」

「たが?」

「はーがっ!」

「ああ、さがさん」

という具合に、なかなか正しく伝わらない。羽賀さんなら「羽根のハに年賀のガ」といえばよいのだろうが、芳賀のハの字を説明するのも難しい。結局、最後は「ハヒフヘホのハ」「ガギグゲゴのガ」というまでわかってもらえない場合がある。

必要があって、あるソフトウェアの製造番号を電話で問い合わせたときも苦労した。数字とアルファベットが二五個も並んでいるのである。最初の五文字は「キュー、ジェイ、ジェイ、ヴイ、エム」だったので、筆者は「9JJVM」とメモした。ところが正解は「QJJVM」だった。読み上げた側は、この並びはアルファベットばかりだから、あえて「アルファベットのキュー」といわなくてもよいと思ったのだろう。あるいは、この部分には数字が含まれていないために、Qが同音の9と間違われる可能性があることに思い及ばなかったのかもしれない。他の文字については、「トムのティー」、「数字のイチ」など慎重に確認し合ったのだが、最初のQと9の間違いがもとで後でトラブルが起きてしまった。

電話で指定券の発売や取り消しをしていた時代の国鉄では、ABCDを「アメリカ」、「ボストン」、「チャイナ」、「デンマーク」といっていた。米国では「アダム」、「ボブ」、「チャーリー」、「ドナルド」などと人名をあげることが多いようである。

この章の初めのほうで、「入力エラーには、情報表示、通信装置の改良が有効な対策である」と書いた。指差呼称、復唱、言い方の工夫などは、人間の側が努力するエラー防止対策であるが、機械や道具のほうを改良して、錯覚、勘違い、思い込みによるエラーを予防することが重要なことはいうまでもない。その具体策は第五章で述べる。

文献

(1) 日本人間工学会安全人間工学部会「ヒューマン・エラーにもとづく事故の原因分析手順書の試案とその解説——化学プラント事故を例として——」日本人間工学会　一九八〇年
(2) 芳賀　繁『錯覚とヒューマンエラー』安全おもしろブック、中央労働災害防止協会　一九九五年
(3) ニチユー株式会社のトランプ"52 Visual Illusions"および"52+Visual Illusions"

（4）Peter H. Lindsay and Donald A. Norman "Human Information Processing : An Introduction to Psychology", Academic Press, 1972

（5）鶴田正一『事故の心理』中公新書　一九六八年

（6）D・ゲロー（清水保俊訳）『航空事故　増改訂版』イカロス出版　一九九七年

（7）井上枝一郎「作業安全とヒューマン・ファクター」労研維持会資料一一七一〜一一七三合併号、一〜二一頁　一九八五年

（8）柳田邦男『航空事故』中公新書　一九七五年

第三章　ドジ型とボケ型

事故を起こしやすい人

人に比べてミスの多い人、エラーをおかしやすい人というのは確かにいる。筆者自身がそうなのだから間違いない。かといって、そういう人が事故を多く起こすかというと、必ずしもそうではない。エラーと事故の関係は複雑なのだ。ここではまず事故を起こしやすい人の特徴をみていこう。

同じ仕事をしている人たちの中で、大部分は一度も事故を起こさないのに、一部の人が何度も事故を繰り返すという現象がある。このような人は「事故傾性」をもっていると考えられた。事故傾性とは「事故発生につながりやすい、ある程度持続的な個人の心理的諸特性」と定義される。つまり、気分とか体調というような数時間や数日で変わるものではなく、数年以上続くような個人特性である。

何十年か前までの安全心理学では、事故傾性の研究が盛んに行われていたが、現在では、事故傾性というようなものがそもそも存在するのかどうか疑われているし、事故傾性という概念は事故防止に役立たないのではないかと怪しまれている。しかし、経営者や管理者はとかく事故を個人のせいにしたがるので、「どういう人が事故を起こしやすいのですか?」と筆者によくたずねる。この質問に答えるのは、そう難しいことではない。事故者と無事故者を比較した研究データを紹介すればよいのだから。

性格と態度

交通事故などを二回以上繰り返して起こした人や、重大な事故を起こした人の性格や態度を調べた結果をまとめると、「事故者」には次のような特徴があるという。[1]

①情緒不安定　神経質、緊張過度、気分が変わりやすい、抑うつ性（気分が沈みがち）、感情高揚性（怒ったり、泣いたり、はしゃいだりしやすい）

②自己中心性　非協調的、主観的、共感性欠如（思いやりがない）、攻撃的、ルール無視

③衝動性　自己統制力欠如、軽率、無謀

また、千葉工業大学の山下昇教授によると、交通事故を反復する者は、責任を他者に帰属する傾向が強いそうである。「前の車が急に停車したから」とか、「隣の車線の車が強引に割り込んできたから」というように、事故の原因を相手側や、第三者、道路整備、運不運など、とにかく自分以外のものに押しつけるのである。それに対し、安全運転をするドライバーは自省的であり、何か起きたときには、まず自分にその責任の一端があるので

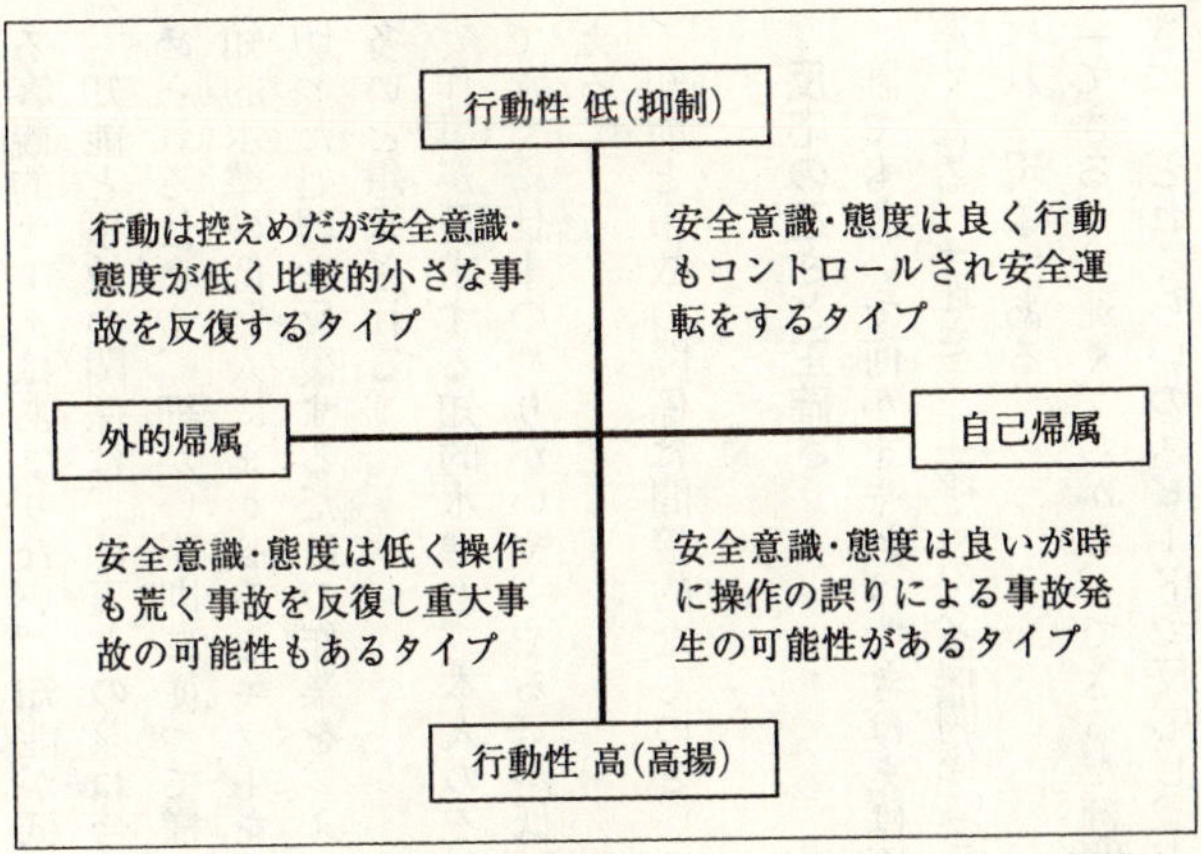
行動性 低(抑制)
行動は控えめだが安全意識・態度が低く比較的小さな事故を反復するタイプ
安全意識・態度は良く行動もコントロールされ安全運転をするタイプ
外的帰属
自己帰属
安全意識・態度は低く操作も荒く事故を反復し重大事故の可能性もあるタイプ
安全意識・態度は良いが時に操作の誤りによる事故発生の可能性があるタイプ
行動性 高(高揚)

図3.1 帰属の方向性軸と行動性軸とによる運転タイプの分類文献(2)

はないかと反省する傾向が強いという。

この、「外的帰属」対「自己帰属」の態度を一軸に、もう一軸を「行動の活発さ・衝動性」にとって組み合わせると、図3・1に示す四つの運転タイプがあらわれる。

行動を抑制できて、責任を自分に帰属するタイプは最も安全なドライバー、行動性が高く、自分以外に責任を押しつけるのが最も危険なドライバーである。行動性は低いが、原因帰属を外に向ける人は、小さな事故を反復しがち。よく反省するが行動性の高い人は、運転操作を誤って事故を起こすことに注意をしなければならない。

知能と事故の関係

頭がよすぎても悪すぎても事故を起こしやすいという説がある。しかし、これを裏付ける客観的データはあまりない。知能が低い人ほど事故が多いという調査報告もある。

知能と事故の関係は、仕事との兼ね合いで決まると筆者は考えている。複雑な判断を求められる仕事や、細かい規則に従って様々な事態に対処しなければならないような作業を、知的水準の低い人にまかせるとエラーをおかしやすいだろう。逆に、何も考えずに決まり切った処理を反復するだけの作業を、ノーベル賞級の頭脳に押しつけても、やはり失敗が多いと想像される。

作業が要求する知的水準と、本人のそれとのギャップが大きいことが危険であるばかりでなく、仕事のやりがいや、やる気が低下することによっても、エラーや事故の確率が増える。

知能と事故の関係は間接的なものといえよう。

反応の速さと正確さ

誰でも急いで何かをやればできばえは不正確になり、失敗も増える。ていねいにやれば遅くなる。「速さと正確さの交換関係（スピード・アキュラシー・トレイドオフ）」と呼ばれる現象である。

「できるだけ速く、しかし、できるだけ間違えないようにやってください」といわれたときに、どれくらいのスピードで反応し、どれくらいエラーをおかすかは個人差がある。そして、スピードよりも正確さを重視してゆっくり反応するタイプのほうが事故を起こしにくいようである。もちろん、あまりにも慎重になって反応時間が極端に遅いのも問題である。仕事の中では、迅速さが求められる状況もあるからである。遅いうえに間違いも多い人は論外である。

ＪＲも私鉄も、鉄道運転士になりたい人は「反応速度検査」を受けて合格しなければならないことになっている。合格基準は当然、反応の速さと正確さの両方から決められている。

自動車運転の場合は、前の車からの車間距離が自分の反応時間に見合ったものでなければ追突事故を招く。九州大学の松永勝也教授の研究によると、反応時間のバラツキが大きい人が事故をよく起こす。[3]平均値が小さいと車間を短くとりがちだが、たまに平均よりかなり遅く反応する場合に、ブレーキが間に合わなくなるからである。この研究成果に基づいて、赤信号が出てからブレーキを踏むまでの反応時間のバラツキを計測する、自動車運転シミュレータ型の適性検査装置が開発されている。

作業性

「パウリテスト」や「内田クレペリン検査」のように、簡単な図形の照合や暗算を何十分間かやらせて「作業性」を調べる検査方法がある。ある一定時間（たとえば一分）ごとの作業量の変動をみると、個人の特徴がはっきりとあらわれるからである。
作業を始めてしばらくたってもなかなか調子が出ず、やっと慣れた頃に作業は終わってしまう人。作業にすぐ飽きたり、疲れたりして、どんどん作業量が減っていく人。短い休憩では気分がリフレッシュせず、あるいは疲労が回復せず、休憩の効果が得られない人。ときどき集中力が切れて、急に作業量が落ち込む人。このような作業性の特徴をもつ人は、事故を起こすおそれが大きいと考えられている。

適性検査の効果

これだけ事故に関連した心理的特性がわかっているなら、テストをして、事故を起こす人を予測し、危険な仕事に就けないようにすればよいと、誰もが考えるであろう。実際、航空パイロット、宇宙飛行士、鉄道運転士などを選抜するときには、様々な適性検査が行われている。

旧国鉄では、運転士、車掌、信号掛など、列車運行の安全にかかわる職に就く人に、作業性検査（内田クレペリン検査）、識別性検査（知能検査）、反応速度検査、注意配分検査を課し、この四検査のいずれかで合格基準に達しなかった者については、さらに詳しく検査を行って合否を判定していた。鉄道総合技術研究所の分析によると、最初の検査で合格した人に比べ、二次検査、三次検査で合格した人は一・七七倍も事故率が高かった。(1)

さて、ここで仮に、合格基準を厳しくして、一次検査で成績の悪かった者は即不合格にすれば、どれくらい事故が減るか見積もってみたところ、推定事故件数は四七二件となり、実際に発生した五一五件より四三件減、率にして八・三パーセントの事故予防効果となることがわかった。

仮に二倍の事故率の差を検出できるテストを開発できたとして、受検者の九割を不合格にすれば、事故はようやく四七パーセント減る。

本章のはじめに、「どういう人が事故を起こしやすいのですか？」という質問に答えるのはそう難しいことではないと書いた。しかし、そういう人をみつけるテストを開発するのは難しいし、何時間かのテストでその後数年、あるいは数十年にわたる職業生活における事故発生を予測することはもっと難しい。確かに適性検査の成績と事故発生率には関連があるが、適性検査による事故予防効果に期待しすぎてはいけない、というのが妥当な結論といえよう。

事故傾性以外の個人要因

適性検査で測っているのは、事故発生に関係があると思われる、ある程度持続的な個人の心理的諸特性である。性格、知能、反応の特徴、作業性などは一年や二年ではそうそう変わるものではない。訓練などによっても簡単には変えられない。

しかし、事故にかかわる個人要因には、もっと変化しやすいものがある。仕事を安全に遂行するのに必要な知識や技能、仕事に対するやる気と「まじめさ」、最近の出来事や人間関係に影響された心理・生理的状態、その日その時刻の体調や気分などである。

仕事に就くときに受けた適性検査の成績がよくても、翌日恋人にふられて気持ちがどん底に落ち込んだ状態で出勤するかもしれない。期待に胸ふくらませて入社したのに、仕事はおもしろくなく、上司や同僚ともうまくいかなければ、ひと月もたたないうちに作業態度がなげやりになるかもしれない。そのまま進めば、仕事のための勉強や訓練に身が入らないから、知識や技能も不十分なままとなるであろう。逆に、適性が悪くても、本人の努力や、よい先輩・上司に恵まれて、事故と無縁な職業人生をまっとうする人もいる。そこまでは、適性検査で予測できないのである。

そこで、最初の一回のテストで人を選別するのでなく、もう少しこまめにテストを繰り返し、安全性のチェックアップや、個人別のきめ細かい管理、指導に役立てようという考えが出てきた。現実問題として、企業側もそうそう人を選り好みしていられないから、入ってくる人の安全性を少しでも高める必要がある。「運転適性診断」（自動車事故対策センター）、「安全行動調査」（中央労働災害防止協会）、「JR式安全態度診断」（鉄道総合技術研究所）などがこのような目的のために開発されたテストである。

たとえば、鉄道総合技術研究所（JR総研）にJR式安全態度診断を申し込むと、テスト実施のマニュアルと、問題冊子と、回答用紙（マークシート式）が送られてくる。会社でこれを実施して回答用紙をJR総研に送ると、診断結果が受検者一人一人に直接郵送されるしくみになっている。診断書には、本人の安全態度や、安全にかかわる様々な性格・行動特性がプロフィールとして図示され、その特徴と、事故予防のための注意点がコメントの形でコンピュータから自動的にプリントされている。

この個人情報は、本人以外には決して渡さないという条件を厳守しているので、受検者は安心して思っているとおりのことを回答することができる。会社側は、注文をすれば、職場や職種ごとに診断結果を比較分析したレポートを受け取ることができる。

事故を起こしやすい人をみつけ出して職場から排除するのでなく、エラーは誰もが起こす可能性があるけれど、あなたはこういうタイプだからこういうところに気をつけたらどうか、こういう対策をやってみたらどうかとアドバイスしたり、上司や同僚と話し合う材料を提供することが、この種の診断テストの目的なのである。

リーダーシップと事故の関係

事故と関係があるのは、個人の特性やコンディションだけではない。仕事は普通一人で行っているわけではないので、リーダーや組織の特性が大きな要因になるのである。バスや電車の運転のように作業は一人で行う場合でも、上司の行動や、組織の風土が安全を大きく左右する。組織の安全風土の問題は第八章でとりあげることとし、ここではリーダーシップと事故の関係を調べてみよう。

よいリーダーのもとでは、メンバーの作業意欲が高まるだけでなく、作業の計画、準備が周到なため、作業がスムーズに運び、無理・無駄が少ないためにエラーが起きにくい。チームワークがよければ、お互いに注意をしあったり、助けあったりすることでエラーを未然に防ぐことができる。仮にメンバーの一人が失敗をしても、チームワークでそれをカバーすることによって、事故、災害にまではならずにすむことも多い。

メンバーとリーダー間、メンバー相互間のコミュニケーションも安全にかかわる重要な要素である。

それでは、どのようなリーダーがよいのか。

三隅二不二(じふじ)博士によると、リーダーの役割は、集団目標を達成するための計画を立てたり、メンバーに指示・命令したりすることと、集団自体のまとまりを維持・強化するために、メンバーの立場を理解し、集団内に友好的な雰囲気をつくり出すことの二つに分けられる。三隅先生は前者をP(目標達成)機能、後者をM(集団維持)機能と名づけ、リーダーシップのスタイルを両方の機能をともに強く備えたPM型、どちらか片方の機能だけが強いPm型とpM型、どちらの機能も弱いpm型に分類した(図3・2)。そして、PM型リーダーに率いられた職場集団が最も業績がよく、チームワークが優れ、メンバーの仕事満足度や仕事意欲も高いことを明らかにした。

目標達成機能だけ強くて集団維持能力の低いＰｍ型リーダーは、部下を叱咤激励してグングン引っ張っていくが、部下への思いやりやコミュニケーション能力に欠けるため、チームワークがバラバラになったり、間違った方向に進んでも修正がきかないなどの難点がある。逆に集団維持機能だけが強いｐＭ型リーダーのもとでは、和気あいあいとした楽しいグループはできても、チーム一丸となって目標に向かう姿勢はでてこない。

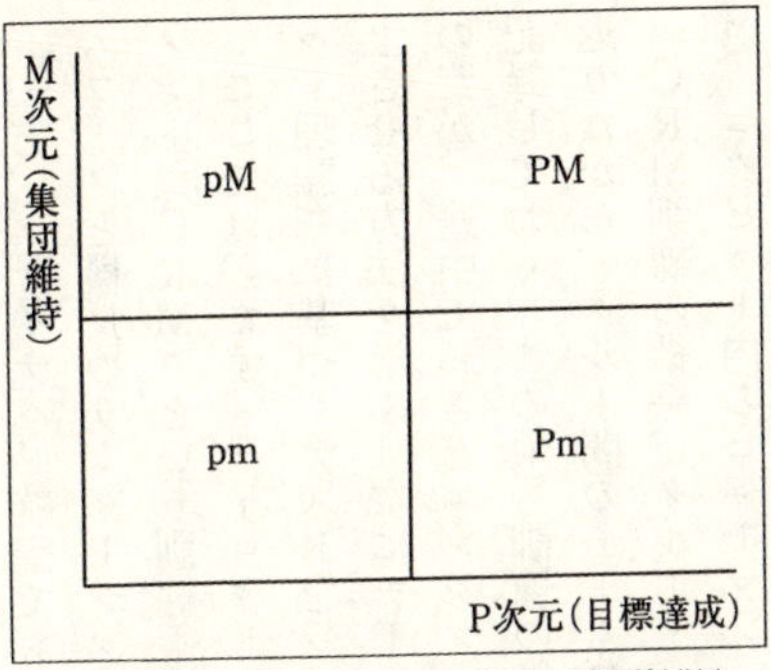

図3.2　リーダーシップPM4類型 文献(4)

もちろん、目標達成機能も集団維持機能もないｐｍ型リーダーは論外である。

リーダーシップの型と事故の関係については三隅先生による実証研究がある(4)。

西鉄バスの運転手千人弱に、上司である操車係のリーダーシップについて質問をし、一人一人の操車係をＰＭ、Ｐｍ、ｐＭ、ｐｍのいずれかに分類した。そして、部下の運転手が過去三年間に起こした事故件数を調査したところ、ｐｍ型のリーダーのもとで最も事故率が高く、ＰＭ型とｐＭ型が同じくらい安全成績がよいことがわかった。

一方、ユナイテッド航空でも、異常時に的確に対応するにはコクピット内の乗員のチームワークと機長のリーダーシップが大切であることに気づき、クルー・リソース・マネジメント（CRM）という訓練手法を開発した。

ここでは、まず、パイロットたちが上述のPM理論とよく似たリーダーシップ論（グリッド理論）に基づくテストを受け、自分のリーダーシップ能力を知ったうえで、それを向上させる方法を学ぶ。次にチームに分かれてフライト・シミュレータで飛行訓練を受けるのだが、途中でわざとエンジン火災などの異常事態を発生させ、そのときの対応をビデオ記録しておく。この飛行訓練の後、自分たちの行動やコミュニケーションをビデオで振り返りながら、クルー間のチームワークや、機長のリーダーシップについて話し合いをする。

CRM訓練の結果、クルー・コーディネーション（乗員間の協調関係）が大いに改善され、コクピット内のヒューマン・リソース（人的資源）や情報資源が有効に活用されるようになったという。この訓練手法は、日本航空をはじめ、世界中の航空会社に取り入れられることとなった。

リーダーシップの話をしめくくる前に、筑波大学の国分康孝教授がリーダーのもつべき資質を「LEADERSHIP」の一〇文字になぞらえたものを、表3・1に紹介しよう。

あなたのエラーのタイプは？

Looks	ルックス、容姿、服装
Empathy	エンパシー、共感性、思いやり
Acceptance	アクセプタンス、受容、寛容
Directiveness	ディレクティブネス、統率力、方向の指示
Encouragement	エンカレッジメント、激励、励まし
Responsibility	レスポンシビリティ、責任感
Security	セキュリティ、情緒安定、自信
Holism	ホーリズム、全体把握、大局観
Identity	アイデンティティ、行動の一貫性
Power	パワー、権力、能力

表3.1 リーダーの条件[文献(5)]

職場で事故を起こした人や、交通事故を起こす人の特徴を記述すると、どうしても「特殊な人」、「異常な人」のイメージを描いてしまいがちになる。初めから「どこか違うのではないか」と思って「普通の人」と違う点をみつけだそうとすれば、何かしら特徴がみつかるものである。事故反復者や違反常習者の中には性格的に問題のある者がいることもたしかだが、事故の大部分は「普通の人」が起こしてしまったものであることを忘れてはならない。

事故はまれにしか起きないことも、起こす人が特殊な人と思われがちになる要因である。しかし、失敗なら誰でもしょっちゅう起こしている。運が悪ければ、ちょっとしたミスが大事故に結びつくことは、第一章でみたとおりである。

マンチェスター大学のジェームズ・リーズン博士は、学生たちが日常生活でおかすうっかりミスの種類と頻度を多変量解析した結果、「記憶」因子と「注意」因子の二つを発見した。[6]記憶因子と関係が深いのは、何かをやり忘れたり、置き忘れたりするミスで、注意因子は動作の注意深さに関係するようなエラーに見いだされる。

記憶因子の得点が高い人はオミッション・エラー（「やり忘れる」失敗）が多く、注意因子の得点が高い人はコミッション・エラー（「やってしまう」失敗）が多いことになる。前者は「ボケ型」、後者は「ドジ型」といえる。

ここで、あなたのエラータイプを調べるテストをやってみよう。表3・2の二〇のエラーを読んで、最近（ここ二～三カ月くらいの間に）こんな体験、または、似たような体験をしたと思ったら、項目番号を丸で囲んでほしい。

次に、奇数番号の項目にいくつ丸がついたか、偶数番号の項目にいくつ丸がついたかを数えてみよう。

奇数番号の項目に丸が四つ以上ついた人は「ぼんやり」タイプ、六つ以上ついたら「大ボケ」タイプである。こまめにメモをとる、チェックリストをみながら作業を進める、思い出す手がかりとなるシグナル（タイマーとか、小指に結ぶ糸とか）をセットするなどの対策が役に立つだろう。

一方、偶数番号の項目は注意因子を調べるものである。ここに丸が三つ以上ついたら

エラーパターン診断テスト

最近（2〜3カ月くらいの間）こんな体験または似たような体験をしたと思ったら、項目番号を○で囲んでください。

1 落とし物または忘れ物をした。
2 つまずいてころびそうになった（ころんだ）。
3 電気のスイッチを切り忘れた。
4 茶碗をひっくりかえした。
5 あとで電話をしようと思っていたのに忘れてしまった。
6 手に取ろうと思った物とは違う物を手に取っていた。
7 待ち合わせまたは予約をすっぽかした。
8 熱いものをいきなり口に入れて舌をやけどした。
9 途中ではがきをポストに入れるのを忘れた。
10 よそ見をしながらお茶をつごうとしてこぼした。
11 自分がいま何をやりかけていたのかを忘れた。
12 よけいなことをいって、あとで後悔した。
13 電話を切ったあとで用件をいい忘れたことに気づいた。
14 家の家具か会社の机にからだをぶつけた。
15 会議または打ち合わせの時間をコロッと忘れていた。
16 電車に飛び乗ったら行き先違いだった。
17 電話がかかってきたためにやりかけのことを忘れてしまった。
18 間違い電話をかけた。
19 頼まれていたことをし忘れた。
20 目的とは違う階でエレベーターを降りてしまった。

奇数番号の項目にはいくつ○がつきましたか？……　　個
偶数番号の項目にはいくつ○がつきましたか？……　　個

表3.2 エラーパターンチェックリスト

「あわて者」タイプ、五つ以上なら「ドジ」タイプである。手を出す前に一呼吸おく、指差して確認してから操作する「指差呼称」などを心がけたい。

偶数項目にも奇数項目にも丸が多い場合はどうなるか？　「ドジ兼ボケナス」のあなたは筆者と同類ということになる。

それでは偶数項目にも奇数項目にも丸が少ない人は？　聖人君子か、大嘘つきか、さもなければ、自分がエラーをおかしていることを認識していないか忘れてしまっている最悪のタイプかもしれない。

エラーに厳しい人、甘い人

他人のエラーに対する態度にも個人差がある。ちょっとしたミスに目くじらを立てる人、「失敗は成功の母」と鷹揚(おうよう)に受けとめる人。

筑波大学の海保博之教授によるとエラーに厳しい人は秩序感覚の鋭い人で、性格的には、きちょうめん、きちんとしている、綿密、ていねい、義理堅い、倹約家などと呼ばれるような特性をもっていることが多い。心理学では「てんかん質」あるいは「粘着気質」と呼ぶ。

エラーに甘い人は秩序感覚の鈍い人で、社交的、親切、友情が深い、ほがらか、ときどき落ち込む、おしゃべり、活発というような人に多い。心理学では「そううつ質」または

「循環気質」と呼ばれるタイプである。

海保先生は、本人がエラーをおかしやすいかどうかと、他人のエラーに甘い（気づかない）か厳しい（すぐ気づく）かを組み合わせて、人を四つの型に分類した[7]。すなわち、

I　創造型・おっちょこちょい型
活動的で、気軽なため、自分にもエラーが多く、他人のエラーにも寛容（鈍感）なタイプ

II　じっくり型・ぼんやり型
自分は行動的でなく、心配性のため、めったにミスをしないが、他人のミスには寛容（鈍感）なタイプ

III　ていねい型・ねちねち型
自分はめったにエラーをしないし、他人のエラーにも我慢できない（敏感な）タイプ

IV　てきぱき型・うるさ型
自分は活発で衝動的なため誤りが多いのに、他人の誤りには我慢できない（敏感な）タイプ

プロ野球の監督にたとえると、Iは長嶋監督、IIは王監督、IIIは野村監督、IVは星野監督といったところか。

り出すときもある。

この中で、どれがよいとか悪いとかはない。時と場合によるからである。ちょっとしたミスも許されない状況もあるし、失敗を恐れず、試行錯誤を重ねながら新しいものをつくり出すときもある。

ただ、「ドジ兼ボケナス」タイプの筆者としては、「てきぱき型・うるさ型」の上司にだけはつきたくないと思っている。

文献

(1) 藪原　晃「事故者の特徴と適性管理」、三隅二不二ほか編『事故予防の行動科学』三七～五三頁、福村出版　一九八八年
(2) 山下　昇「安全態度調査の構成と活用」、三隅二不二ほか編『事故予防の行動科学』一九二～二〇五頁、福村出版　一九八八年
(3) 松永勝也ほか「集団で測定した選択反応時間による自動車の運転事故者と無事故者の判別の試みについて」交通心理学研究、五巻一号、七～一五頁　一九八九年
(4) 三隅二不二『リーダーシップの科学』講談社ブルーバックス　一九八六年
(5) 国分康孝『リーダーシップの心理学』講談社現代新書　一九八四年
(6) James Reason 'Lapses of attention in everyday life', in R. Parasuraman and D.R. Davies (eds) "Varieties of Attention", Academic Press, 1984

（7）海保博之『人はなぜ誤るのか』福村出版　一九九九年

第四章　注意と記憶の失敗

不注意と忘れ物の関係

前章で、ボケ型とドジ型の話をしたが、ボケは記憶の因子、ドジは注意の因子と関係があるということを思い出してほしい。実は、注意と記憶は、第二章で説明した人間の情報処理をサポートしたり、コントロールしたりする重要な働きをもっているのである。

人間の情報処理過程における注意と記憶の役割を示したのが図4・1である。

たとえば、Lという文字をみたとき、入力過程では、縦の棒と横の棒が左下で接しているパターンを記憶（知識）と照合し、アルファベットのエルと認識する。そこが洋服屋であった場合なら、次の媒介過程で、Lはラージサイズを意味すること、自分にはLサイズがちょうどよいことなどを思い出し、試着してみることに決める。服を脱ぎ着する行動は出力過程であるが、一連の動作の流れが「手続き的記憶」（後述）として保存されているので、ほとんど何も考えずに体が動く。いわゆる「体が覚えている」というタイプの記憶が取り出されるのである。

このように、人間の情報処理過程の各段階で記憶システムとの情報のやりとりがある。

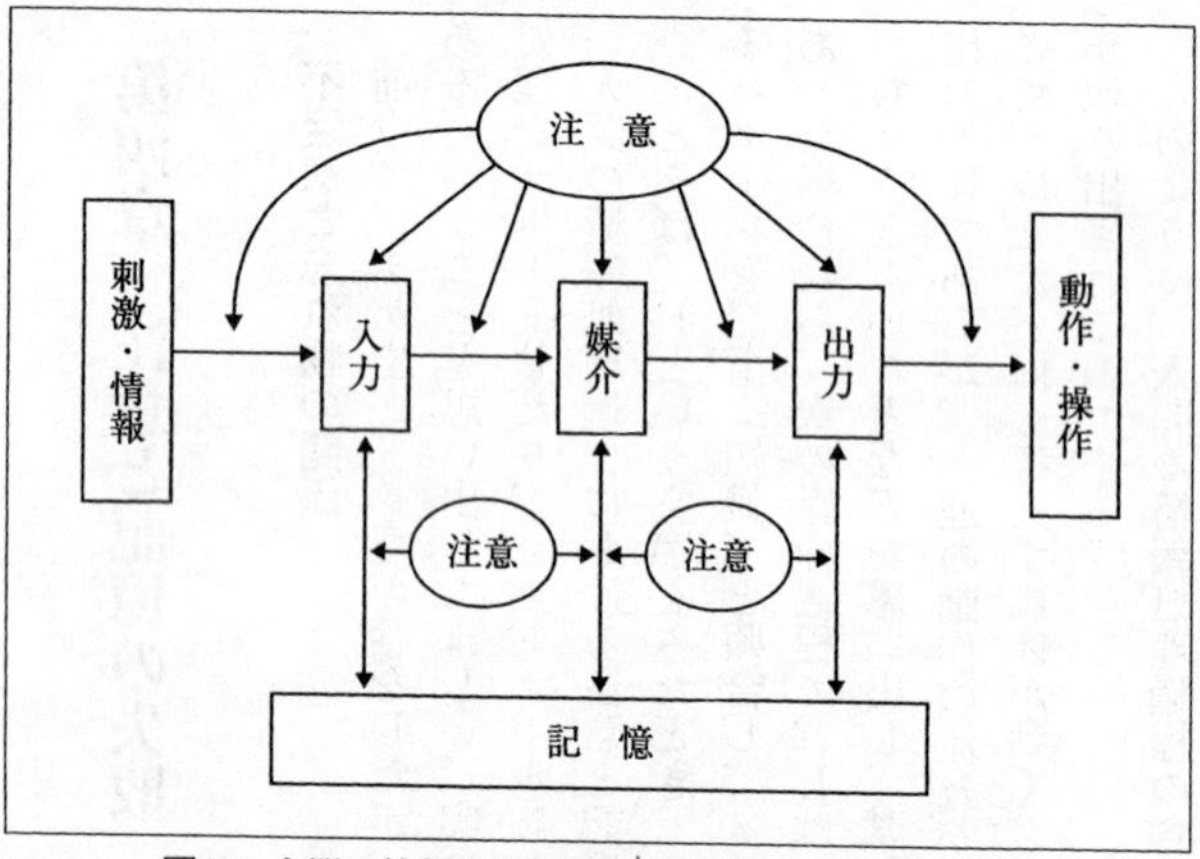

図4.1　人間の情報処理過程における注意と記憶の働き

この情報処理過程がきちんと運ぶように監視し、必要なところに心的エネルギーを供給したり、データを取捨選択したりする働きを担っているのが「注意」である。

したがって、注意の働きが悪いと集中できなかったり、余計なものに注意がそれたり、動作が失敗するだけでなく、記憶が消えてしまったり、情報が変化してしまったりする。よく忘れ物をする人は「注意散漫」と評されるが、注意と記憶、不注意と忘れ物は関係が深いので、当を得た表現といえる。

注意のスポットライト

注意は人間の情報処理過程のマネージャーで、いろいろな仕事をしているが、なかでも一番よく知られている働きは、ある特定の対象や範囲に意識を向けることである。注意を

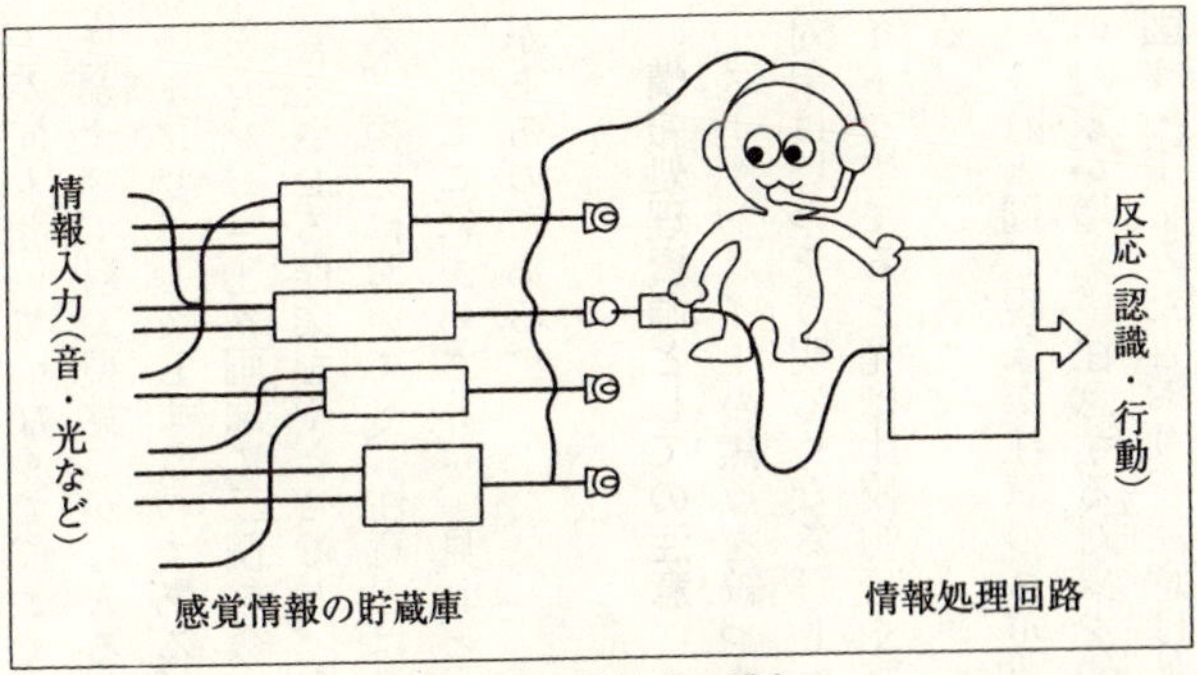

図4.2　選択的注意の働き

向けられた対象は、はっきり明瞭（めいりょう）に認識され、注意を向けられていない部分から分離して浮き上がったように知覚される。

この注意の働きを「選択的注意」という。

選択的注意の働きを実感するためには、二台のテレビを並べて、それぞれ別のチャンネルを受信してみればよい。片方の番組に注意を集中すれば、もう片方の番組を完全に無視することができる。目の焦点を片方のブラウン管に合わせれば、別のテレビには焦点が合わなくて、映像が認識できなくなるのは当然としても、耳に入る音まで無視（無聴？）できるのは、脳の中に注意のフィルターがあるからである。スイッチのような働きともいえるし、スポットライトのような働きともいえる。図4・2は注意のマネージャーを、脳の中に住む小さな電話交換手に模して筆者が描いた絵である。

筆者は、新聞を読んでいるときに妻からいわれたことを何も聞いていなくて、よく怒られる。そのとき、耳(聴覚)は遊んでいるのだが、注意がすべて目(視覚)から入る記事の内容に集中しているので、他の入力を意識からシャットアウトしてしまうのである。

コンピュータ画面に三個の数字を表示し、その両端の数の合計が奇数か偶数かを次々に答えさせる作業をやらせると、真ん中の数字はほとんど認識されないという実験結果がある。視覚においても、注意とは単に視線の方向や、目の焦点ではないことがわかる。「心ここにあらざれば、見れども見えず、聞けども聞こえず」という言葉には科学的根拠があるのである。

情報処理資源としての注意

スポットライトの焦点を絞って小さなところに集中させると、光は強くなり、当たった対象はいっそう明るくなる。しかし、光が当たらない領域は増える。逆に、広い範囲にライトを当てると光は比較的暗くなる。一台の投光器から発する光量は変わらないからである。

これと同じ現象が注意のスポットライトでもみられる。注意を一点に集中すると不注意の対象が増え、注意する対象を増やすと一つ一つの対象への注意力は低下する。ところで、図4・1でみたとおり、注意は外界の対象だけに向けられるのではなく、内的プロセスに

図4.3 注意リソースの働き

も作用するので、「配分できる注意の全体量は一定で、どこかにたくさんつかうと他で不足する」という原理は、人間の情報処理過程全体に当てはまるのである。

内的プロセスにつかわれる注意のことを、認知心理学では「情報処理資源（注意リソース）」という。リソースは人間の情報処理装置を働かせるのに必要な精神的エネルギーのようなものなので、これを石炭にたとえた絵を描いてみた（図4・3）。石炭ストーブは情報処理のサブシステムで、十分なリソースが供給されているストーブはよく燃えて、スープ（出力）がたくさんつくられている。反対に、必要な燃料が届かなければスープは煮えない様子もみられる。

例をあげて説明しよう。

本を読むときと音楽を楽しむときでは別の

サブシステムが働いている。前者には、視覚システムと言語理解システム、後者には聴覚システムと音楽鑑賞システムである。言語理解システムとか音楽鑑賞システムとかの実体は不明だが、言語理解や音楽鑑賞の際に働く様々な情報処理機構をひとまとめにした呼び名と考えてほしい。本を読みながら景色を楽しむことはできないし、本を読みながらラジオドラマを理解することも難しい。二つの処理が視覚システムや言語理解システムで競合するからである。一方、本を読みながら音楽を楽しむことはできる。ただし、音楽が歌で、詞の内容を聞き取ろうとすると難しくなる。本を読むのにつかっている言語理解システムを働かせる必要があるからである。やはりBGMはインストルメンタル・ナンバーがよい。英語が苦手ならアメリカのポップソングでも同じであるが。

さて、本に夢中になってくると、音楽が聞こえなくなる。音楽のほうで大好きな曲がかかったりすると、本の内容が頭に入らなくなる。これは、注意リソースの全体量が限られているから、一方の処理に多くのリソースを配分すると、もう一方で不足するために起きる現象である。

難しい作業には多くのリソースが必要である。難しくても熟練すれば少しのリソースで足りる。自動車運転の初心者の頃は、運転するだけで精一杯だったのに、慣れてくれば運転しながら音楽を楽しんだり、ステレオを操作する余裕ができただろう。しかし、運転しながら電話をするのは、リソースが不足して事故を起こす危険があるのでやめたほうがよい。

三つの注意と二つの不注意

広辞苑第五版で「注意」をひくと、

①気をつけること。気をくばること。留意。
②危険などにあわないように用心すること。警戒。
③相手に向かって、気をつけるように言うこと。
④〔心理学〕精神機能を高めるため、ある特定のものや事柄に選択的に意識を集中させる状態。

とある。④は前述の選択的注意のことと思われるが、①と②の区別はあいまいでわかりにくい。

むしろ、ポケットサイズの角川国語辞典（新版）のほうが明解にまとめられている。すなわち、

①心を集中すること。
②用心すること。
③そばから気をつけること。忠告すること。

①は英語のアテンション（attention）に対応し、②はケアフル（careful）に対応する。

前者は意識を何かに方向づけることで、空港のアナウンスで「アテンション、プリーズ」というのは、「こちらに注意を向けてください、これからいうことに耳を傾けてください」という意味である。後者は、慎重に、あるいは用心深く行動したり思考することであって、方向性は明確でない。①と②で、選択的注意や注意リソースを含む、人間の情報処理過程のマネージャーとしての注意の働きを大ざっぱに示しているといえる。③はコーション(caution)あるいは弱いウォーニング(warning)を人に与えることで、「叱る」に近いニュアンスをもつ場合もある。「いたずらをした子どもを注意する」というような用例である。

日本語の「注意」はいろいろな言葉の意味を含んでいることがわかった。だとすると、その対極にある「不注意」の意味も単純ではないはずである。

実際、他人に与える注意である③は別として、①と②には、それぞれ対応した「不注意」がある。

①アテンションの反対は「注意のそれ」、難しい言葉では「注意の転導」であり、注意すべきでない対象に注意が向いてしまうエラーである。英語ではディストラクション(distraction)という。「脇見」、「よそ見」がこれに含まれる。注意は外部の事物だけでなく、内的に想起される(頭で考えた)思考、概念、イメージにも向くので、「考えごと」、「雑念」、「白昼夢」などもこの種の不注意に入れてよい。

②ケアフルの反対は、もちろんケアレス（careless）である。「よく見ないで扱った」、「ちゃんと確認せずに操作した」、「乱暴に扱った」、「油断していた」などがこの範疇のエラーである。

「注意」という言葉はこのように多様な意味を含んでいるので、話題にするときには「注意」が必要である。

いろいろな記憶

広い意味の記憶には五種類ある。条件反射、熟練技能、認知的技能、エピソード記憶、意味記憶である。このうち、普通われわれが「記憶」と呼ぶのは最後の二つだけである。

初めの三つは「体が覚えている」というタイプの記憶で、思い出すときにも意識が働かない。それと、言葉では記憶の内容を説明できないという特徴ももっている。たとえば、自転車の乗り方を口で説明できないだろう。仮にもし説明されたとしても、練習しなければ乗れるようにはならないだろう。この三つをまとめて「手続き的記憶」ともいう。

エピソード記憶とは自分が体験した想い出の記憶である。この記憶を発見したのはトロント大学のエンデル・タルヴィング教授で、いろいろな実験や、失語症患者の症例から、数字の暗記などとは違うタイプの記憶があることを示した[1]。たとえば、重い結核性の脳膜炎から回復したある患者は、病気になる少し前に軍隊で撮った集合写真をみて、各人の名前は思い出したが、その写真をいつどこで撮ったのか、写真の中の人々をなぜ知っているのかをどうしても答えられなかったという。エピソード記憶をつかさどる脳の部位が、傷ついて壊れていたためと思われる。

幼い日の想い出、恋人と知り合ったころの想い出、今年の元旦に何をしていたか、昨日の電車の中での出来事、今朝の朝食など、ありありとイメージを伴って思い出せることもあれば、はるか忘却のかなたとなったものもあるだろう。エピソード記憶は、自分にとってのインパクトの強さ、体験の深さによって、記憶痕跡(こんせき)の強さが決まるようである。

先日、高校の同期生の集まりがあり、高校時代に一度だけデートをしたことのある片思いの相手と二十数年ぶりに再会した。彼女は、私とコンサートに出かけたことは覚えてくれていたが、そのあと一緒に観覧車に乗ったことは全く思い出せないといった。私のほうは、観覧車の中で窓に指で相合い傘を描いたことまで、鮮明に覚えているのだが……。

最後の「意味記憶」は様々な情報の記憶である。ただ「記憶」というと、普通はこれを指す。狭い意味の記憶といってもよい。エピソード記憶と意味記憶を合わせて「陳述的記憶」と呼ぶこともある。言葉で説明ができるタイプの記憶だからである。

二種類の記憶と二種類の忘却

意味記憶には「感覚貯蔵庫」、「短期記憶」、「長期記憶」の段階がある。感覚貯蔵庫は、人間が受け取った視覚や聴覚の情報を、そのままの形でごく短い間（一〇〜数十分の一秒）保持し、その間にパターン認識をして情報の意味を抽出する過程のものである。われわれが日常体験する忘却、失念といったエラーとは直接関係がないので、ここでは後の二つの段階だけを考えよう。

初めてみた電話番号を、ダイヤルするまで頭にとどめておく記憶を「短期記憶」（または「作業記憶」）、自宅や恋人の電話番号のように、知識として頭の中にしまい込まれている記憶を「長期記憶」という。作業記憶の中に長い時間滞留していた情報や、何度も出入りした情報は、しだいに長期記憶の中に固定されていく。

短期記憶に情報を保持する力は、注意の働きからくる。短期記憶の中の情報に注意の光を当てている間は、情報が記憶にとどまるが、注意の光が消えたり、他に向いたりすると、その情報は記憶の中から消えてしまう。これが忘却である。

しかし、長期記憶は簡単には消えない。

コンピュータかワープロを知っている人なら、本体メモリと磁気媒体（たとえばフロッピーディスク）にたとえればわかりやすい。パソコンのワープロソフトをつかって書いている途中の文書は、本体メモリ上にある。ブレーカが落ちて、何時間分もの仕事が一瞬にして消えてしまった苦い経験をもつ読者も多いだろう。パソコンの電源が切れれば、本体メモリの内容はクリアされる。本体メモリは短期記憶、電力は注意のようなものである。

ワープロ文書をディスクに保存しておけば安心である。コンピュータの電源が落ちても、記憶は保持されるからである。ここが長期記憶に似ている。

しかし、長期記憶とて永久記憶ではない。

かつては、あれほどしっかり覚えていた恋人の電話番号も、別れて一年足らずで忘れてしまい、五年たてば名前があやふやになり、一〇年たてば顔も思い出せなくなる。長い間取り出さない情報は、次々と新しく入ってくる情報の重みで変形したり、かすれたり、取り出せなくなるのである。フロッピーディスクに保存した文書も、どのディスクになんという名前で保存したのかわからなくなって、読み出せないこともあるように。

かすれたり、取り出せなくなった記憶でも、いったん知識として長期記憶に蓄えられたことがあるなら、何らかの痕跡を残している。

昔のアルバムを取り出してみれば、「ああ、こんな娘だったなあ」と顔と名前を思い出し、口づけの感触がよみがえる（これはエピソード記憶か）。もしかしたら電話番号の記憶まで復活するかもしれない。

筆者は、昼間必死に考えても思い出せなかった小学生時代の親友の顔と名前を、夢の中で思い出したことがある。

長期記憶は簡単には消えないのである。しかし検索できなくなることは多い。これが、長期記憶からの忘却である。

注意がそれると情報が消えてしまう「短期記憶からの忘却」を「忘却その1」、記憶やその痕跡は残っているのに、必要な情報が検索できない「長期記憶からの忘却」を「忘却その2」と名づけ、両者の関係を図示したのが図4・4である。

記憶力の低下

年をとると物覚えが悪くなる。その最大の要因は、短期記憶から長期記憶へ情報が移りにくくなるせいである。

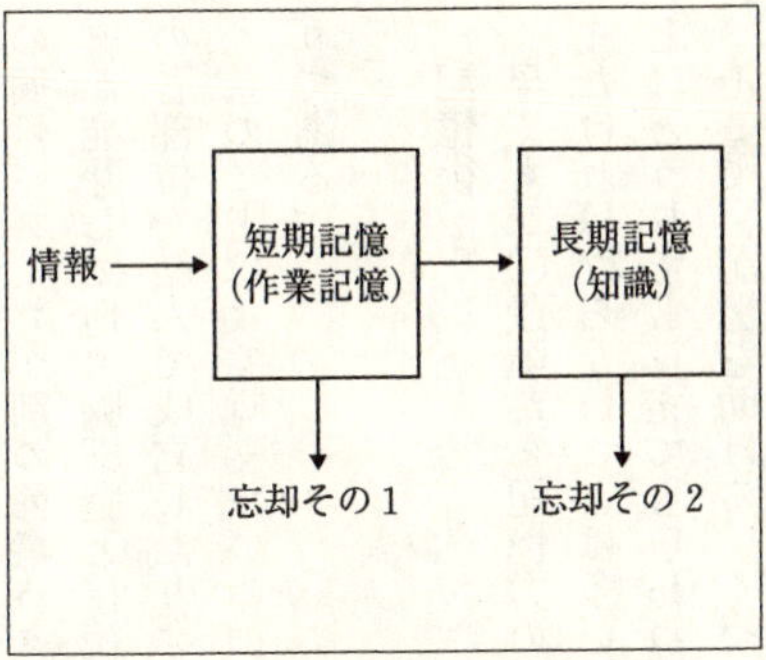

図4.4　2種類の記憶と2種類の忘却

年寄りは長期記憶の内容がボケていると思うかもしれないが、そんなことはない。たしかに、三〇年も四〇年も取り出さないでいる情報は検索できなくなっているものも多いが、それはあたり前で、若者には三〇年前、四〇年前に形成された記憶はないのだから比較はできない。むしろ、何十年も前に蓄えられた情報を取り出せる能力に驚嘆すべきである。

短期記憶もそれほど衰えない。

問題は新しい長期記憶が形成されにくいところにある。大脳生理学的にみると、記憶とは、脳細胞の特定の興奮パターンが別の興奮パターンと結びつくことらしい。そのために、脳細胞の神経繊維が発芽して他の脳細胞と接続したり、新しい興奮パターンを形成する電気的な回路が脳の各部位を結んで成立したりする。老化はこの能力を徐々に失わせるのである。

昔のことはよく覚えているのに新しいことをなかなか覚えられなくなったら老化の始まりである。

記憶術

早くも二〇歳頃から記憶力の低下は始まるが、受験勉強はすんだとはいえ、まだまだ覚えなければならないことは多い。特に、仕事にかかわること、なかでも安全にかかわることはどうしても覚えてもらわねば困る。

そこで、記憶を助けるいくつかの方法を紹介しよう。

（1）情報を七個以内に分割またはまとめる

情報が長期記憶に入るためには、まず短期記憶にその情報をしばらくの間とどめておき、注意を集中しなければならない。短期記憶に入りきらないような大量の情報を一度に覚えようとするとかえって時間がかかる。短期記憶の容量は七単位前後だから、情報をその範囲に分割しよう。頭の中で暗唱できる範囲内にである。

いくつかの項目をまとめて一つの記憶単位にできれば、ぐっと効率がよくなる。

「DDOGCATTOP」という一〇文字をそのまま覚えるのはたいへんだが、「D」、「DOG」、「CAT」、「TOP」の四単位にまとめればずっと記憶しやすくなる。

（2）イメージ化

古代ギリシャから伝わる記憶術である。言葉を順序どおりに覚えたり、話のストーリーを記憶するときに、言葉を具体的なイメージにして、それを自分のよく知っているイメージと結びつけていくのである。

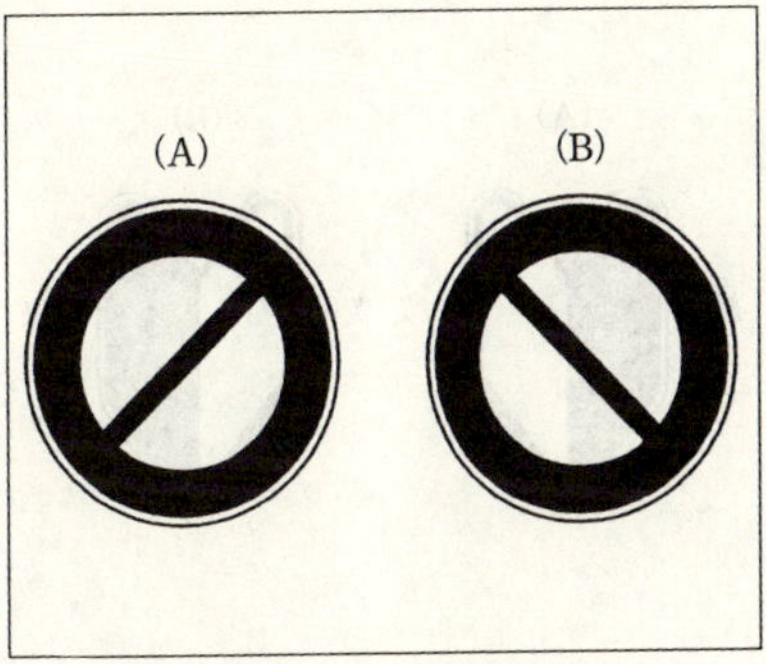

図4.5 駐車禁止の交通標識はどっち？

古代ギリシャの雄弁家は、頭の中に大きな建物を用意しておき、イメージ化した話題を一つ一つの部屋の中に置いていく。演説するとき、彼らは建物の中を歩いて部屋の扉を順に開けていく自分の姿を思い浮かべながら、イメージ化した話題を拾い上げていったそうである。

（3）言語化

抽象的な数字や図案は、意味のある言葉にすると覚えやすい。

電話番号や年表の語呂合わせはよく行われる。

図4・5をみてほしい。駐車禁止の道路標識は

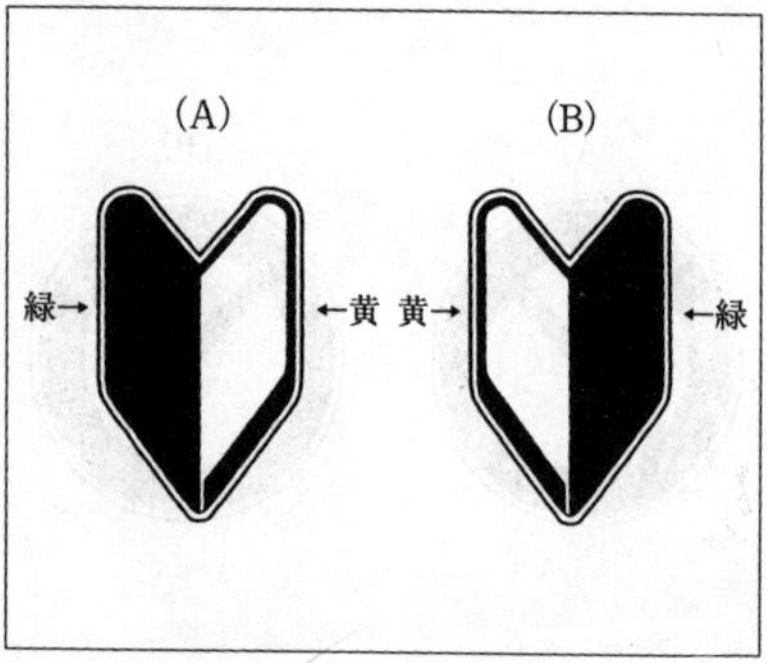

図4.6 初心者マークはどっち？

（A）か（B）か答えられますか。図4・6の初心者マークは？

毎日みていても、記憶しようと思って注意を集中しなければ記憶に残らないことがよくわかるだろう。抽象的な画像記憶は特に残りにくい。

駐車禁止の標識は「NO PARKING」の「NO」を図案化したものだと知れば難なく覚えられる。答えは（B）で、斜線は「N」と同じ左上から右下である。

若葉マークは右側が緑色（B）なので、「みぎがみどり」と「み」の語呂合わせで覚えるとよい。

（4） 理解

駐車禁止標識の例もそうであるが、「なぜそうなのか」を理解することが記憶を大いに助ける。

ルールや手順を頭から丸暗記させるのではなく、なぜそうしなければならないのか、なぜそうするほうがよいのかを教えれば、ずっと効率的に覚えるし、記憶したことを忘れにくい。なによりも、わけもわからず覚えたことよりも守られる確率がずっと高くなる。

囲碁の対局中の盤面をみて、石の配置を記憶することなど筆者には及びもつかないが、段位をもつくらいの人ならば容易に並べ直せるという。しかし、白黒の碁石をでたらめに並べた盤面は記憶できないのだそうである。ルールにのっとって二人の棋士が交互に打った石ならば、別の棋士からみて、そのパターンには意味があり、二人の戦略と現在の形勢を理解することができる。それゆえ、しろうとには決して覚えられない黒石白石の配置を記憶することができるのである。

初級者の頃に指導碁（対局した後で初手から論評しながら置き直すこと）を受けたことのある人は、相手の記憶力のよさにびっくりしたであろう。

理解が記憶を助ける例である。

文献

（1）E・タルヴィング（太田信夫訳）『タルヴィングの記憶理論』教育出版　一九八五年

第五章　エラーを誘う設計と防止するデザイン

上げて止めるか下げて止めるか

水道の栓にレバー式のものが増えている。

たとえば、筆者が福岡で借家暮らしをしていたときの台所の蛇口は、レバーを左右に動かして水温を調節し、上下に動かして水量をコントロールする。

この家に越してきた当初は、筆者も妻も、ときどき水を止めようとしてレバーをグイと押し下げ、ドーッと水が噴き出してびっくりすることが多かった。前の家では、レバーを下げて水を止めていたので、その癖がなかなか抜けなかったのである。

外でトイレをつかったときに、洗面台でズボンの前を水で濡らしてしまったこともある。あらぬ誤解を受けるのではないかと、赤面しながらトイレを出た。

台所や洗面所で水を間違って勢いよく出してしまっても、たいしたことにならないが、出てくるものと場所によっては大事故にだってつながりかねない。こういう操作は統一してもらいたいものだと思い、メーカーに問い合わせてみた。

ＩＮＡＸは「下げて止める」派である。この方式を採用した理由として、次の五点をあげている。

①生産を始めるとき、海外では「下げて止める」が主流だった。

②上から物がレバーの上に落ちたとき、水（場合によっては熱湯）が出るより、水が止まるほうが安全である。猫が飛び乗るかもしれない。

③思いがけず熱湯が出るなどしたとき、あわてて止めようとする場合、とっさにレバーを押し下げる人が多いのではないか。

④レバーが故障したとき、「下げて止める」方式のほうが水が出放しになりにくい。

⑤ふだん水が出ていない状態で、レバーが下がっているほうがデザイン的に見栄えがよい。

一方、「上げて止める」派のTOTOでは、

◎「レバーを下げたら水が出る」ほうが、人間の自然な感覚にマッチしている。

と主張する。

後で、「コンパティビリティー」についてもう少し詳しく解説するが、「コンパティビリティー」とは、操作方向や表示など、機械の動作方向・場所などの対応関係が、人間の自然な感覚に一致、整合している程度のことである。TOTOは「下げて水を出し、上げて水を止める」ほうがコンパティビリティーが高く、したがって、人間工学的によいデザインであると判断したことになる。

日本で最初にレバー式水道栓（シングルレバー混合栓）の製造を始めたのはTOTOであり、当初は、この市場で圧倒的なシェアを誇っていたため、混乱もなかったようだ。しかし、その後「下げて止める」式を採用するメーカーがあらわれ、相対的にTOTOのシェアが下がったため、二つの方式が日本に併存する状況となった。筆者のように洗面所でズボンを濡らしてしまうユーザーも増えたに違いない。

しかし、阪神淡路大震災以後、TOTOでも地震による落下物の問題をこれまで以上に重要視することとなり、一九九七年八月から「下げて止める」タイプの水道栓の製造を始めた。TOTOの方針転換により、日本のレバー式水道栓論争は「下げて止める」に軍配が上がったわけである。

右が水、左が湯

蛇口やノブが二つあるとき、右が冷水で左が温水とすることは国際的に守られている基本ルールである。わが家の洗面台もそうなっている。冷水の栓は青で、温水の栓は赤で表示されているのも国際ルールだ。もしこの左右や赤青が逆になった洗面台やシャワーがあったら、エラーを誘発し、ユーザーがやけどを負う危険性が高い。

前述のレバー式水道栓の場合も、向かって右側の管が水道で、左側の管が給湯器につながっているので、レバーを右に向けると水の割合が増えて冷たくなり、レバーを左に向け

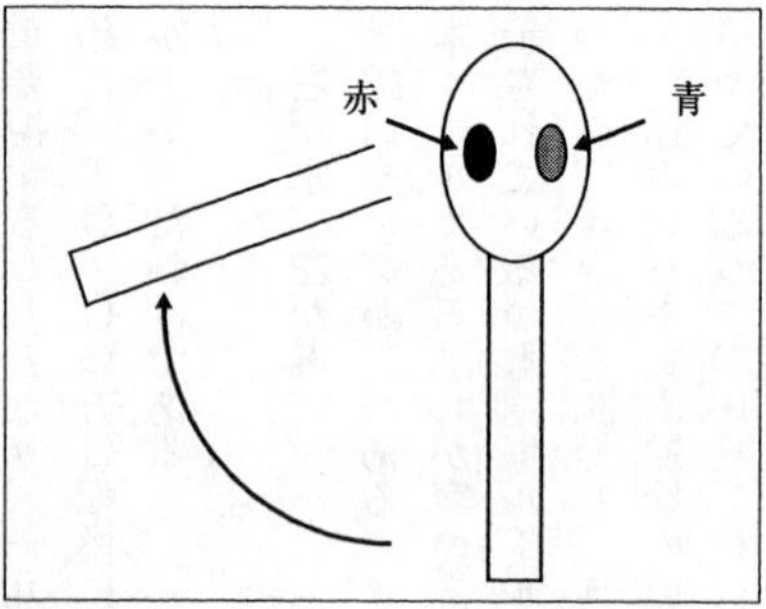

図5.1　湯を出すためにレバーを左に回すと冷水を示す青色のマークが手前にくる

ると湯の割合が増えて熱くなる。

　ここまではよいのだが、わが家の流し台では、レバーのつけ根の部分に水と湯を示す青と赤のマークがついているのである。レバーの右側が青、左側が赤。レバーをたとえば左いっぱいまで回すと目の前に青いマークがくる（図5・1）。この状態でレバーを上げて湯を止めると、次につかうとき、冷水が出ると思ってレバーを下げると熱湯でやけどをするおそれがあるのだ。幸か不幸か、この表示は身長一六〇センチの妻には、レバーをいっぱいに下げた状態でしかみえないそうである。したがって、多くの日本人主婦には無効な表示がついていることになる。表示や機器の取り付け位置、寸法などをユーザーの身体寸法に合わせて設計するという、人間工学の初歩も守られていないのである。

　この表示は、高い位置にある水道栓の一番高い部分（床から約一一五センチ）に、ユーザーと反対側に傾斜した面に取り付けられていること、レバーを回転すると表示も一緒に回転して、表示と表示対象との位置関係が狂うことの二点に問題がある。蛇口のつけ根にある水と湯を混ぜる水平管の右と左に青色と赤色で表示をすれば問題は簡単に解決するだろう。

右回しで止めるか左回しで止めるか

水道の蛇口は、時計の針が進む方向（右）に回すと水が細くなって止まる。反時計回しで水が出る。これは、あまりにもあたり前のようだが、ちょっと待ってほしい。ラジオやステレオの音量は右に回すと大きくなる。左に回すと音が小さくなったり、電源がオフになったりするではないか。

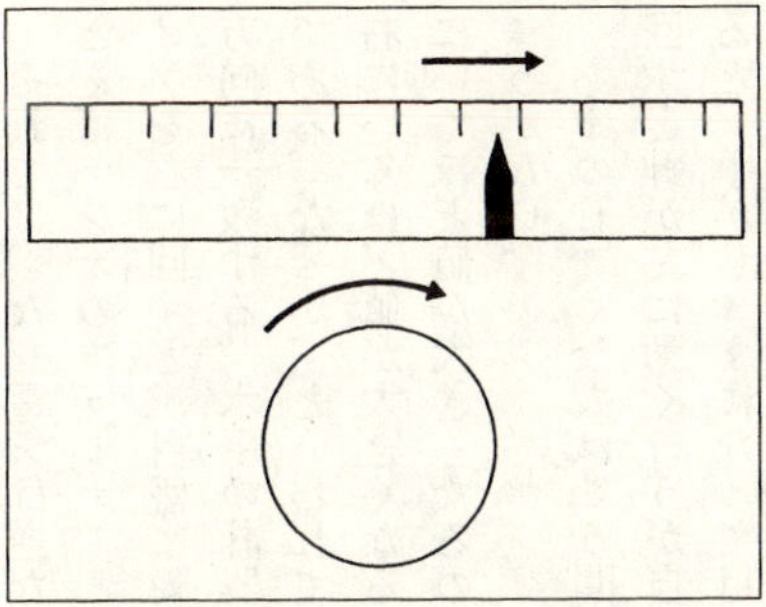

図5.2　ノブを回す方向と指針が動く方向の自然な関係

ガスコンロのつまみをチェックしてみよう。こちらは水道と同じで、左回しで火が強くなり、右に回すと火が消える。

どうやら、配管／バルブ系のシステムと、電気関係のつまみでは標準的操作方向が逆になっているようである。おそらく、バルブをぎゅっと締めるときには力がいるから、右利きの人にとって力の入りやすい方向で閉めることにしたのだろう。ネジ釘をねじ込むとき、ボルトを締めるとき、ゼンマイを巻くときなども、みな、右回しである。

それでは、なぜ電気は逆なのか。図5・2をみてほしい。ノブを回して何かの数値（たとえばラジオのチューナーとか、電子レンジの調理時間）をセットするダイヤルである。ノブを右に回すと、目盛に隣接しているノブの上側の円周が右に動き、ちょうど針が動く方向に一致する。水平の計器で針が右に動けば、それは目盛の数字が大きくなる方向なのである。なぜか、といわれても困るが、グラフを書くとき、X軸（横軸）の左端がゼロで、右にいくほど値が大きくなるのと同じである。ちなみにY軸（縦軸）は下端がゼロで、上にいくほど値が大きくなるのが普通だ。ただの習慣かもしれないが、逆ではみにくくてしょうがない。

あまのじゃくな人はこう聞くかもしれない。ノブが目盛の上にある場合は、ノブを右に回すと針が左に動くほうが自然ではないかと。確かにそのとおり。しかし、ノブが上にあると、手がじゃまになって目盛はみえなくなるから、そのようなダイヤルはめったにつくられないのである。

さて、X軸、Y軸と同じように、「上が大きく、下が小さい」という対応は計器などの表示装置の標準原則である。これを拡張して、「上に動かせば大きくなり、下に動かせば小さくなる」というのも操作・操縦装置の標準原理となっている。「大きくなる」は「多くなる」でも「強くなる」でも「上がる」でもよく、「小さくなる」は「少なくなる」、「弱くなる」、「下がる」と同義である。前者を「P操作」、後者を「N操作」という。P

はポジティブ、Nはネガティブの略である。P操作には「起動する」、「ON」、「入」が含まれ、N操作には「停止する」、「OFF」、「切」が含まれる。

P操作とN操作の原則はJIS（日本工業規格）に定められている。[1] P操作は、スイッチなら、上に上げる、上側を押す、右側を押す、レバーなら、向こう側（先方）に倒す、右側に倒す、ノブなら右（時計回り）に回すというような方向であり、N操作は、すべてがその反対である。

この原則は電気関係では比較的よく守られているので、身近な電気製品や部屋の電灯スイッチで確認してください。

ガス台のつまみ

配管／バルブ系のシステムは右回しで締めるという原則なので、ガス台のつまみも、押しながら左に回すと点火し、右に回して火を消す。点火がボタン式のものでも、火力調節はつまみで行い、左に回すと強火になり、右に回すと弱火になるものが多い。

問題は、ボタンで点火してスライド式レバーで火力調節をするタイプである。レバーを右に動かすと火が強くなるガス台と、左に動かすと火が強くなるガス台が混在しているのだ。おそらく、前者は電気製品などのスライド式コントローラとの一致を考えて、そのようにデザインしたのであろう。後者はつまみを回す方向と、整合性をとろうとしたのかもしれない。

台所のガス台といえば、人間工学の教科書に必ず載っている例題がある。それは、縦二列横二列に並んだ四つのバーナーを、横一列のつまみでコントロールする場合に、どのバーナーをどのつまみに割り当てたらよいかというものである。[2] アメリカの台所にはこのような四口コンロ（電気またはガス）が多い。アメリカ人で実験をすると、左上のバーナーを左端のつまみ、左下を左から二番目、右上を右端、右下を右から二番目に割り当てると、最もエラーが少ないそうだ。

スイッチ、つまみ、レバー、ハンドルなどの操作器と、それによって操作される機器との位置関係のことを「マッピング」という。

日本の一般家庭にあるガス台は、バーナーが二個か三個で、中央に魚焼きグリルがついているものが多い。わが家のガス台は三口で、図5・3のようなマッピングになっている。大・中・小のバーナー（A・B・C）とグリル（D）をコントロールするつまみa、b、c、dは色も形も同じで、横一列に並んでいる。

筆者は料理が好きなので、よく台所に立つのだが、Bを点火しようとしてcを扱ってしまったり、Aを消したつもりなのにDが消えていた、というふうな失敗をしょっちゅうおかしてしまう。万一、バーナーCの上に燃えやすいものが置いてあるときに、Bを点火しようとしてcをひねってしまったら火事になりかねない。つまみを、左からb、c、d、

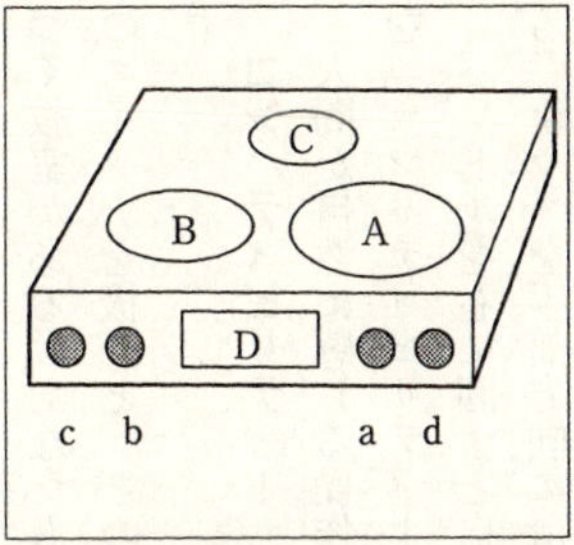

図5.3 筆者の家にあるガス台のつまみの配置
バーナーA、B、CとグリルDを、つまみａ、ｂ、ｃ、ｄでそれぞれコントロールする

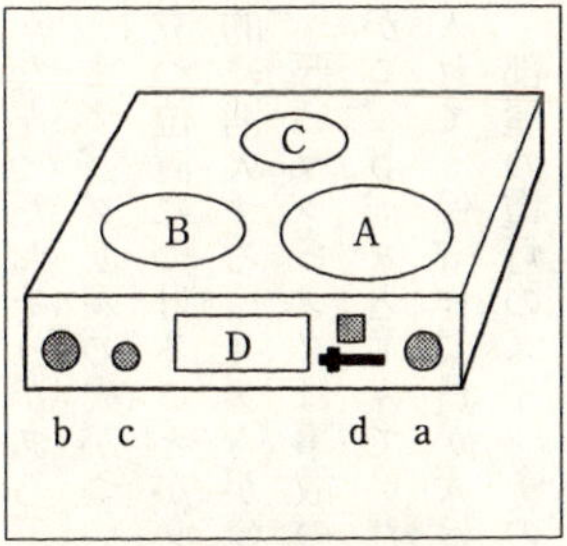

図5.4 つまみ配置の改良案
小さなバーナーCのつまみは小さくする。グリルDは押しボタンで点火、スライドレバーで火力をコントロールする。並びも操作対象の配置に合わせる

ａと並べ、グリルのつまみ（ｄ）の、形か色か大きさを他の三つと異なるものにすればエラーが減るはずである（図５・４）。

日本のガス台のもう一つの問題は、かがんでのぞき込まなければグリルの火がみえないことである。魚を焼いていることを忘れてしまったり、焼き上がった料理を取り出した後に火を消し忘れて火事になる例が多い。

筆者も一度失敗した。焼き加減をみるために火をつけたままグリルの中のトレイを引き出したところ、もう十分に焼けていたので、トレイを取り出し、魚を皿に移して食卓に運んだ。食事中に焦げ臭いので、ガス台をみたら、グリルから煙が出ていたのである。わが家が狭いため、ガス台のある部屋で食事をしていたからよかったものの、台所とダイニングルームが別室だったら火事になるまで気づ

かなかったおそれがある。

まず、グリルの火がついていること（あるいはガスが出ていること）を示す表示灯を目立つ位置につけることが必要で、次に、できれば高温になったら熱センサーが働いて自動的に消火するシステムがほしい。

悪いマッピングは事故の要因となる。横に並んだ三機のモーターA、B、Cのスイッチがc、b、aと並んでいたために、Aを保守点検中にCを起動するつもりでスイッチaを入れて、保守作業員が大けがをした例もある。

部屋の電灯のスイッチの位置が、点灯する灯具の位置と対応していないケースは数限りなくある。筆者が勤める大学にも、教壇側のスイッチを扱ったら教室の後ろ側の蛍光灯がつく教室がある。あなたも、勤め先など、電灯スイッチが複数あるような広い部屋で、どのスイッチを扱うと、どの電灯がついたり消えたりするかを一度確かめてください。

コンパティビリティー

人間が自然に感じる操作や表示の方法と、実際の操作・表示が一致、整合していることを「コンパティビリティー」という。

ハンドルを右に回すと自動車は右に曲がる。操縦桿を手前に引くと飛行機の機首は上がる。マウスを手前方向に滑らせるとカーソルは下に動く。赤色表示は高温や危険をあらわし、青色表示は低温や安全を示す。UFOキャッチャー（ぬいぐるみなどの景品を機械でつかみとるゲーム機）のジョイスティックを右に倒したらキャッチャーが右に動き、手前に倒したら手前に動く。これらの対応は誰にとっても極めて自然である。これが「コンパティブルな対応」、あるいは「コンパティビリティーが高い設計」である。

　コンパティビリティーが高いほうが失敗の可能性が少ないであろうことはいうまでもない。

　手を広げて通せんぼうをした様子、閂（かんぬき）を掛けたさまなどから連想されるのは、横線がストップ、閉、縦線がゴー、開である。進入禁止の交通標識も、赤い丸に白い横線である。ところが、筆者が福岡で住んでいた借家の玄関の鍵（かぎ）は、つまみが横になっていれば開いている状態で、つまみを縦にすると、鍵が掛かるのである。寝る前の戸締まりチェックでこれを見間違えて、一晩中鍵があいたままだったことがある。こんな変な鍵はウチだけだと思っていたのだが、その後、博多の飲み屋のトイレのドアに同様のものを発見したし、ゼミの学生の一人が、自分の家もそうだといっているから、意外と多いようである。

　右側のモーターを右側のスイッチで操作するというような「よい（あるいは自然な）マッピング」も高いコンパティビリティーにつながる。

ポピュレーション・ステレオタイプ

先に、グラフのX軸は右にいくほど、Y軸は上にいくほど値が大きくなるのは、ただの習慣かもしれないと書いた。しかし、「上＝高い＝大きい」、「下＝低い＝小さい」という関係は人間の自然な認知と整合しているようにも思われる。その証拠に、音（ピッチ）が高いことと、音（ラウドネス）が大きいこととは、物理的には関係がないことなのだが、同じ物理的パワーなら低い音よりも高い音のほうが大きく感じる。

一方、ピアノの鍵盤(けんばん)も、木琴も、ハーモニカも、右にいくほど音が高くなるが、筆者はその理由を知らない。グラフのX軸や、計器の表示が右のほうが値が大きく、スティック式やスライド式のコントローラの右方向がP操作になるのは「ポピュレーション・ステレオタイプ」という言葉で説明される。「多くの人がそのようにする行動のしかた」、「多くの人がそう感じる感じ方」である。ポピュレーション・ステレオタイプは生得的な人間の認知・行動スタイルに基づいて形成されるほか、文化、習慣、経験によって形づくられる。

洗面台の蛇口は、向かって右のノブをひねると冷水、左のノブをひねると湯が出る。水用のノブには青色のマーク、湯用のノブには赤色のマークがついている。この配色はコンパティブルなものであり、世界中でつかわれているが、右が冷水、左が温水という配置も世界標準である。おそらく、使用頻度の高い冷水ノブを右手で操作できるようにしたのが始まりであろうが、多くの人がこれに慣れているのだから、そのように配置するほうが安全である。「左側が温度が低く、右側が温度が高いとするほうが正しい」などと考えて普通と逆のデザインをすると、やけどをする人が続出するだろう。

あるデザイン方式が一般化し、あるいは標準化されると、それをつかい慣れた人々の認知・行動がポピュレーション・ステレオタイプとなり、今度は、そのデザイン方式が人々にとってコンパティビリティブルなものになる。

男子トイレは青色（または水色）、女子トイレは赤色（またはピンク）を表示につかうのも、ポピュレーション・ステレオタイプを利用したものといえる。

標準化

レバー式水道栓のように、複数のデザイン方式が混在するとエラーを招くことを繰り返し説明した。デザイン方式を統一するためにＪＩＳ（日本工業規格）やＩＳＯ（国際標準化機構）による標準化がある。レバー式水道栓も、二〇〇〇年四月一日から「下げて止まる」だけがＪＩＳ規格となった。一一七頁で説明したとおり、Ｐ操作Ｎ操作の方向も、ＪＩＳで定められている。

公式に決まっていなくても、多くのメーカーが不文律の「業界標準」に従っている例もある。ＡＶ機器の配線に慣れた人なら、右音声は赤、左音声は白、映像は黄色のプラグを、同じ色の端子に接続すれば間違いないことを知っているだろう。

標準化されていないために危険なエラーを招くのではないかと心配しているものが二つある。電車と自動車の例である(図5・5)。

電車の比較的新しい車種では、一本のハンドルレバーで加速と減速の両方をコントロールをするものが増えてきた。

P操作とN操作の原則からすると、先方に倒して加速し、手前に引いて減速するというデザインにすべきである。実際、私鉄電車の多くはそうなっている。そのほうがコンパティビリティーも高いように思われる。

ところがJRは逆なのである。なぜかというと、JRでは前身の国鉄時代から、「非常ブレーキをかけるときは一番向こうにハンドルを押す」ということに決まっていたからである。機関車でも、ディーゼルカーでも、電車でも新幹線でもそうなのだ。従来型の運転台デザインでは、ブレーキハンドルと加速制御用のコントローラーを、それぞれ右手と左手で操作する(おもしろいことに、ブレーキハンドルの位置は電気機関車では左側に、電車では右側にある。その理由を考えるのは鉄道マニアへの宿題としよう)。

とにかく、水平に回転するブレーキハンドルで非常ブレーキをかける。すなわちブレーキを最大限に利かせるには、ハンドルを運転士から一番遠くの位置に押し込むことになっていたのである。「あっ、危ない!」と思ったときに、体ごとぶつかるようにハンドルを押せばよい、そのほうがハンドルを引くよりも速く確実に操作できると考えられた。そして、その原則がワン・ハンドル制御にも適用されているのである。

運転士がJRから私鉄へ転職するケースも、逆に私鉄からJRへ転職するケースも今のところめったにないが、全くないわけでもない。相互乗り入れで他社の電車を運転することもある。ブレーキをかける方向などは標準化しておかないと、とっさに間違える可能性があって危険である。

自動車の運転にとって重要な操作器にも標準化されていないものがある。それは、方向指示ランプ（ウィンカー、シグナル）と窓拭(ふ)き（ワイパー）を操作するレバーの位置である。日本で売られている日本車は、おそらくすべてが右手でシグナルを出し、左手でワイパーを動かすようになっている。ところが外国でレンタカーを借りると、これが反対なので、道を曲がろうとするたびにワイパーが起動してしまう。

図5.5　電車のワン・ハンドル加減速制御器
（鉄道ピクトリアル編集部提供）

筆者は、「左側通行＝右ハンドル＝右手シグナル」、「右側通行＝左ハンドル＝左手シグナル」という標準があるのだと最近まで信じ込んでいた。ところが、先日メルセデスに試乗させてもらったとき、右ハンドルなのに左手シグナルであることを知ったのである。調べてみると、日本で売られている右ハンドルの外車の多くは、国産の右ハンドル車と反対の、左手シグナルタイプなのである。実は、左手シグナルはISOで決まっているらしい。「右ハンドル＝右手シグナル」はJIS独自の規定なのだ。これは、どういうわけなのか。

車の構造上、シフトレバーは中央側に置かざるをえないだろう。右ハンドルでは運転者の左側、左ハンドルでは右側になる。シフトレバーは運転中頻繁に操作するが、同様に操作頻度の高いシグナルレバーは、シフトレバーの反対側においたほうが、人間工学上ベターである。したがって、左ハンドル車中心の国際規格とJISの規定がくい違っていることには、それなりの合理的理由があるのである。

しかし、国際化の時代、世界中の人が世界中で自動車の運転をする。日本車も左手シグナルに変える検討をしているそうである。この際、右側通行か左側通行かも、どちらかに標準化したらどうだろう。そのとき、わが国はイギリスと同盟を組んで、左側通行を主張すべきだろうか。

自動車交通に限っていうと、残念ながら筆者は右側通行のほうが有利だと考える。シフトレバーだけでなく、サイドギア、無線、オーディオ機器、ナビゲーション・システムなど、様々な機器が車の中央側に置かれる。右利きの人が世の中には多いのだから、それらも右手でコントロールできるほうが便利で安全だろう。したがって、左ハンドルのほうがデザイン上有利と思うのである。そして、左ハンドル車が走りやすいのは右側通行なのだ。

アフォーダンス

水平な面の上にはものを置くことができ、垂直な面にはものを立てかけることができる。ドアノブのような丸い出っ張りは握ることができるし、握って回すことも、回しながら引くことも押すこともできる。ものの形（デザイン）は、人からそのものへの働きかけ（操作）を規定したり、促したりするのである。このことを「アフォーダンス」という。アフォーダンスとは、ある事物をどのようにつかうことができるかということに関して人が知覚する事物の特徴である。[3]

もともと、英語のアフォード（afford）という語は、「できる」とか「可能」とかの意味である。「水平な面はその上に物を置くことをアフォードする」、すなわち、「水平な面は上に物を置くというアフォーダンスをもっている」ということになる。食卓の椅子は人が腰掛けることをアフォードするが、上に人が立つこともアフォードする。だから、脚立の代わりにつかわれるのである。食堂の電球が切れたとき、たいていの人はわざわざ脚立を取りに行かずに、椅子の上に立って作業するでしょう？

アフォーダンスを設計に利用すればエラーを減らすことができるし、余計な表示や取扱い説明を省略することが可能だ。

ドアに取り付けられた垂直のバーはつかんで引っ張ることをアフォードするので、「引く」という表示をしなくても、人々は自然にそのドアを引いてあけるだろう。水平のバーは、逆に、引くよりも押しやすいので、人々は自然にそのドアを押してあける。ドアに貼り付けられた平らな板は押すことしかできず、引くことをアフォードしない。だから、ラッチの付いていないドアを押してあけてほしいなら、ノブやバーではなくて、平らな板を付ければよいのだ。アフォーダンスを無視してつくったドアに「押す」とか「引く」の表示を付け、それでもなお人々のエラーを誘っている例は山のようにある。

あるとき筆者は都内の一流ホテルのシンポジウムを聞きに行った。会場は大きなホールで、廊下の側には立派なドアがずらりと並んでいる。そのドアには長くて豪華な金色の縦のバーがついていた。シンポジウムが長かったので、休憩を待たずに時々聴衆が席を立って、トイレかタバコのために会場を出入りしていた。

席を立った人は、まず手近なドアから外に出ようとする。あかない。

次にドアを引く。あかない。

その隣、その隣、そのまた隣……

会場の一番後ろのドアまで行くか、もう少し手前でふと気づき、押してみてようやく外に出ることができる。

これが一人ならず、三人、四人と皆そうなのでアフォーダンスのよい実例としてビデオに撮影したかったほどである。なかには、講演中はロックされていると思ったのか途中であきらめて席につき、後で誰かが入ってきたときにそのドアから入れ違いに出ていった人もいた。

このような笑い話ですむならよいのだが、ビル火災の現場で引けば開くドアの前に人が折り重なって死んでいた例がある。火炎に追われてパニックになった人々が、ドアを必死で押し開こうとしているうちに煙にまかれたのである。

されると困ることを表示で禁止したり取り締まったりする代わりに、アフォーダンスを消してしまうことによって解決できればスマートである。

ドナルド・ノーマン博士の『テクノロジー・ウォッチング』という本には、大学のカフェテリアでトレイを置かれてすぐに割れてしまう、冷凍庫のふたの例が紹介されていた。[4]腰の高さの冷凍庫にアイスクリームが入っていて、客は上のスライド式ガラス戸をあけ、中からアイスクリームを取り出す。この冷凍庫が位置といい高さといい、トレイや食器やボトルを置くのにもってこいなのである。それに、片手にトレイをもったまま、片手でアイスを取り出すのはとても難しいのだ。だから、修理しても修理してもガラス戸が割れてしまう。「この上にトレイを置かないでください」という表示も役立たない。ノーマン先生は、冷凍庫の上部を斜めにして物を置けなくするか、置いても割れないように丈夫にすることを提案している。「人々のニーズと知覚されたアフォーダンスは何事にも優先する」のだそうだ。

同じ筆者の『誰のためのデザイン?』に出ていたイギリス国鉄の旅客待合所の話もおもしろい(3)。待合所の壁を強化ガラスでつくると、乱暴者にあっというまに割られてしまうが、ベニア板でつくると、強度は変わらないのに、破壊されにくいという。その代わり落書きだらけになるそうだが。ガラスは割られることをアフォードし、ベニアは落書きされることをアフォードするのである。

フール・プルーフ

間違った操作ができないように設計すれば、ヒューマンエラー対策は万全である。たとえば、最近のカメラは、レンズの蓋が閉まっていると、シャッターが切れないしくみになっていて、私のようなオッチョコチョイにはありがたい。パソコンやワープロにつかうフロッピーディスクも、以前は方向を間違って入れてトラブルになることがあったが、今のは正しい向きにしか入らないようになっている。

製造業などの現場では、プレス機のスイッチを左右同時に押さないと動かないようにして手を挟まないようにする、コネクターの形を変えて誤接続を防ぐ、安全が確認できる場所に元スイッチを設け、これをオンにしてから一〇秒以内に起動ボタンを押さないと装置が作動しない、など様々なフール・プルーフ機構が利用されている。

探せば家庭用品にもたくさんのフール・プルーフがみつかる。わが家にも、内釜が空だとスイッチが入らない空炊き防止機構を備えた電気炊飯器、ビデオテープが入っていないと録画予約を受け付けてくれないビデオデッキ、蓋を開けると回転がとまる脱水機などがある。

私の自動車はオートマなので、ブレーキを踏んだままでないとギアをPから変えられない。このメカニズムは、頻発する急発進事故を受けてわが国では一九八八年に導入されたものである。最近はマニュアル車の急発進事故対策として、クラッチを踏んでいないとエンジンがかからない機構も採用されつつある。カナダのオンタリオ州などでは、昼間もヘッドライトを点灯して走ることが義務づけられているので、エンジンをかけると自動的にライトが点灯するしくみとなっている。これなら、ライトをつけたまま長時間駐車してバッテリーがあがるという苦い経験も避けられる。

フール・プルーフは製品やシステムをつくるときの設計だけでなく、ユーザーの工夫で後から機器に組み込み、エラー防止を図ることもできる。たとえば、うっかり押しては困るボタンにプラスチックカバーをかぶせるなどである。

フェイル・セイフ

フェイル・セイフとは故障などの異常時に、安全の側に作動するしくみのことである。図5・6は腕木式の鉄道信号機である。最近ではほとんどみかけなくなったが、昔の鉄道信号はこういう形をしていた。だから、今でもJRの駅長や運転士は、赤信号が黄色や緑（鉄道の進行信号は青でなく緑）に変わることを、「信号が下りる」という。

さて、この信号は何十メートルか離れた駅のレバーで遠隔操作するのだが、途中のワイヤが切れたとき、おもりの働きで腕木が上がったままになる。安全を確認したうえで駅長が手信号（ランプか旗）を出すまで、列車は動かないから安全である。

現在では大部分の鉄道信号は電気的に制御されていて、そこには、回線が切れたときに赤信号を出す方向に接点を構成する「重力リレー」がつかわれている。踏切も同様に重力リレーの働きで、故障したら閉まり放しになる。

最近、鉄道の中の電気システムにもマイクロエレクトロニクス化の波が押し寄せてきて、重力リレーのようなフェイル・セイフのしくみを電子回路でどのように実現するかが課題になっている。一つの解決策としては、同じ演算をする回路を三つ用意し、そのうち二つ以上が出した答えに従って作動させるというものがある。安全を多数決で決めて本当に大丈夫かと、筆者は少し不安を感じるが。

機関車や電車の運転台には「デッドマン装置」という物騒な名前のシステムがついてい

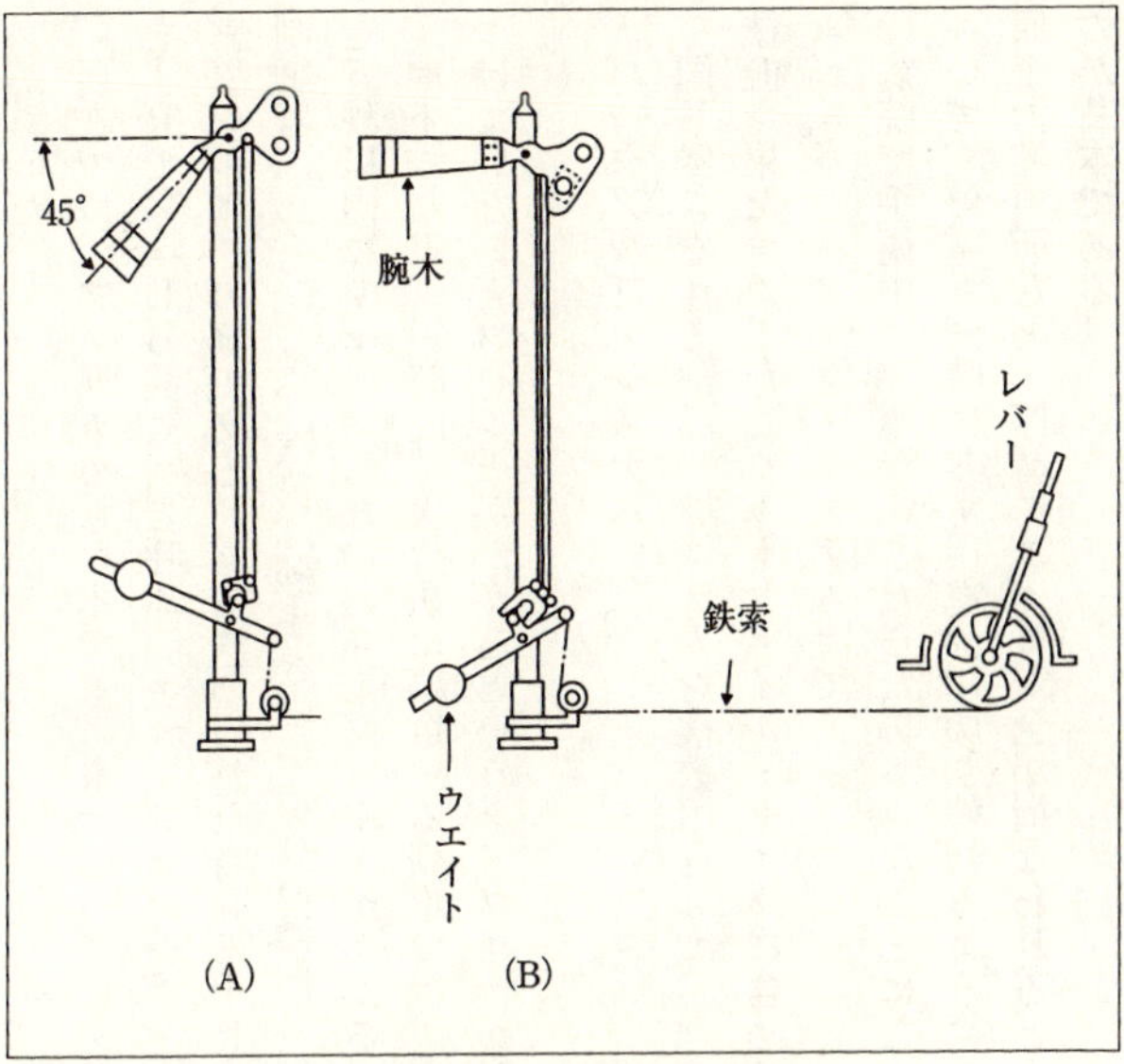

図5.6 腕木式鉄道信号機文献(5)

るものがある。これが働けば、万一機関士が乗務中に急死した場合でも、列車が暴走せずに止まってくれる。もちろん、居眠り事故防止にも有効である。

いろいろなタイプがあるが、古典的なのは運転席のペダルを踏んでいるときだけ列車が走るというものである。しかし、これは機関士の姿勢を拘束し、長時間の乗務にはわずらわしいので、ペダルに道具箱を置くなどして無効にしてしまう違反が後を絶たなかった。あるアメリカ映画にも、機関士が殺された後、列車を止めないためにデッドマン・ペダルに道具箱を置くシーンがあった。

現在では、アメリカでも日本でも、もっとハイテクなシステムがつかわれている。これをJRでは「EB装置」と呼ぶ。エマージェンシー・ブレーキ（Emergency Brake＝非常ブレーキ）の略である。ある決められた時間（JRでは一分）の間に、加速装置（主幹制御器）、ブレーキ、汽笛、砂まきのいずれの操作も行わなかったらブザーが鳴り、それを五秒以内にリセットしないと非常ブレーキがかかるのである。

地下鉄など、短時間で次の駅に停車する列車では、主幹制御器のハンドルを下に押さえつけていないとブレーキがかかるというタイプがつかわれている。

バックアップ・システム

同じ働きをする部品やシステムを複数用意して、一つが故障しても別のものが代わりに機能を果たすようなしくみもフェイル・セイフに含める場合がある。このとき働くシステムが「バックアップ・システム」である。

病院で手術中に停電が起きたらたいへんなことになるので、必ず非常用電源設備をもっていて、停電と同時に非常用電源に切り替わるようになっている。その他、化学プラント、原子力発電所など、停電によって安全が損なわれるところでは、電力供給は多重系とするのが基本である。

筆者がつかっているパソコンにも「無停電装置」を取り付けている。これにはバッテリーが内蔵されていて、電力の供給が途絶えると直ちに作動し、数分間だけパソコンに電気を供給する。その間に、ブレーカを復帰するか、やりかけの仕事をファイルに保存するかすれば、数時間分の労働の成果を一瞬にして失って泣かずにすむ。わが家の場合、停電するのは電力会社のせいではなく、家族のエラーが原因である。なぜなら、三〇アンペアしか容量がないのに、冷暖房エアコンが二台、冷房専用エアコンが二台、暖房用電気ヒーターが四台もあるからである。どの部屋でどれがつかわれているかを確認せずにスイッチを入れると、たちまちブレーカが落ちてしまう。ヘアドライヤーや電子レンジをつかうときも要注意だ。タイマーをセットした炊飯器のスイッチが入るときに停電したこともある。わが家では「同時に二台以上エアコンやヒーターをつかわない」という規則を決めているが、いくら注意してもうっかりミスは避けられず、停電事故が起きる。パソコンで執筆中の原稿や、分析中のデータが失われるのは大きな痛手なので無停電装置を取り付けたのである。

ヒューマンエラーのバックアップ・システムが事故防止に大きな貢献をしている例として、鉄道のATSを紹介しよう。オートマチック・トレイン・ストップ（Automatic Train Stop）の略で、運転士（機関車の場合は機関士）が赤信号を見落としても列車を自動的に止め、衝突や脱線を防止するシステムである。機関士の赤信号無視（誤認）をきっかけに一六〇名もの死者をだした三河島事故の後、当時の国鉄全線区に整備された。それ以後、国鉄における信号違反事故は劇的に減少した。

現在ではATSもいろいろと改良され、鉄道会社や線区によって様々なタイプがつかわれているが、JRの古いタイプは次のように働く。

まず、列車が赤信号に接近すると運転台でベルが鳴る。この後、運転士が五秒以内に「確認扱い」をしなければ自動的に非常ブレーキがかかる。確認扱いとは、ブレーキをかけながら「確認ボタン」を押すことである。確認扱いの後はベルがチャイムに変わる。このチャイムは、赤信号が黄色や緑に変わるか、赤信号の手前に列車を停止させた後でないと消してはならないことになっている。

このシステムの欠点は、運転士が赤信号を十分認知しているときでも警報が鳴ることで、列車本数が多くて信号もたくさんある線区では「狼少年」のようになってしまう。実際、確認扱いをした後に赤信号を通りすぎて先行列車に追突し、運転士と乗客一名が死亡する事故が、一九八八年一二月に中央線東中野(ひがしなかの)駅構内で起きてしまった。そこでJR東日本は、信号の手前で止まることのできる速度以下で赤信号に接近している場合には何もせず、限界速度(信号機までの距離とブレーキ性能で決まる)に近づいたら警報ベルを鳴らし、それを超えたら非常ブレーキをかけるという、新型ATSを中央線などの高密度線区に投入した。

危険検知と安全確認

先にフール・プルーフの実例として、右手と左手のスイッチを同時に押さないと作動しないプレス機をあげたが、万一誰か他の人の手が間にあればアウトである。工場などでは、回転する刃物やグラインダーで手を切ったり、ローラーに指や腕を巻き込まれたりする事故が後を絶たない。設備を点検中に他の人がスイッチを入れ、感電したり機械に挟まれる場合もある。

このような事故は、「安全を確認してから起動する」、「危険を検出したら停止する」しくみを工夫することで予防できる。

たとえば、機械が動作するところがみえない場所で操縦するシステムは、動作する現場の確認ボタンが押されないと作動しないようにするとか、機械の中を点検するときには鍵（かぎ）を抜いて持って入るようにするとかである。プレス機の間に指などが入っていると、それをセンサーが検知して機械を止める安全装置もある。これを「インターロック」という。一部の踏切にも赤外線ビームをつかった障害物検知装置がついていて、踏切内で立ち往生している自動車を検出すると列車を止める緊急信号が点灯するようになっている。

ところで、この危険検知システムにもフェイル・セイフの発想が必要である。

再三鉄道の例を出して恐縮だが、線路の保守作業というのは列車と列車の間合いに行われる。このため作業現場の近くには「列車見張り員」がいて、列車が近づくと、線路内で働いている仲間に待避するよう呼びかける。列車はたいていの場合はダイヤ通りに来るが、ダイヤの乱れや、連絡の手違い（運休しているはずの列車が運休してなかったりとか）などで思いがけない時刻にあらわれることもある。だから見張りの任務は重大なのだ。そうはいっても、深夜には眠くなるし、現場の作業を手伝いたくなることもある。よそ見や考え事も絶対にないわけではない。しかし見張りが列車を見のがしたときの結末は悲惨である。こうして何人もの人が命を落とし続けている。

このような「見張り型」システムは、危険を検知したときに初めて安全システムが動作し、それ以外は何も働かないところに問題がある。煙感知器も同様で、定期点検のあとに故障したら、火事のときに動作する保証はない。危険を検知するセンサーで機械を止める装置も、やはりフェイル・アウトである。

これに対し、常に安全を確認しつづけ、安全が確認されている間だけ機械が働くのが「安全確認型」システムである。

産業安全研究所の杉本旭（のぼる）さんは自ら安全確認型の煙感知器を設計するなどして、危険検知型から安全確認型システムへの改良の必要性を力説しておられるが、後者の好例としてバスガイドの笛をあげられた。バスが後進するとき、車掌やガイドがバスの後ろで「ピッピー、ピッピー」と笛を吹き続け、最後に「ピーッ」と長く鳴らすと運転手がバスを止め

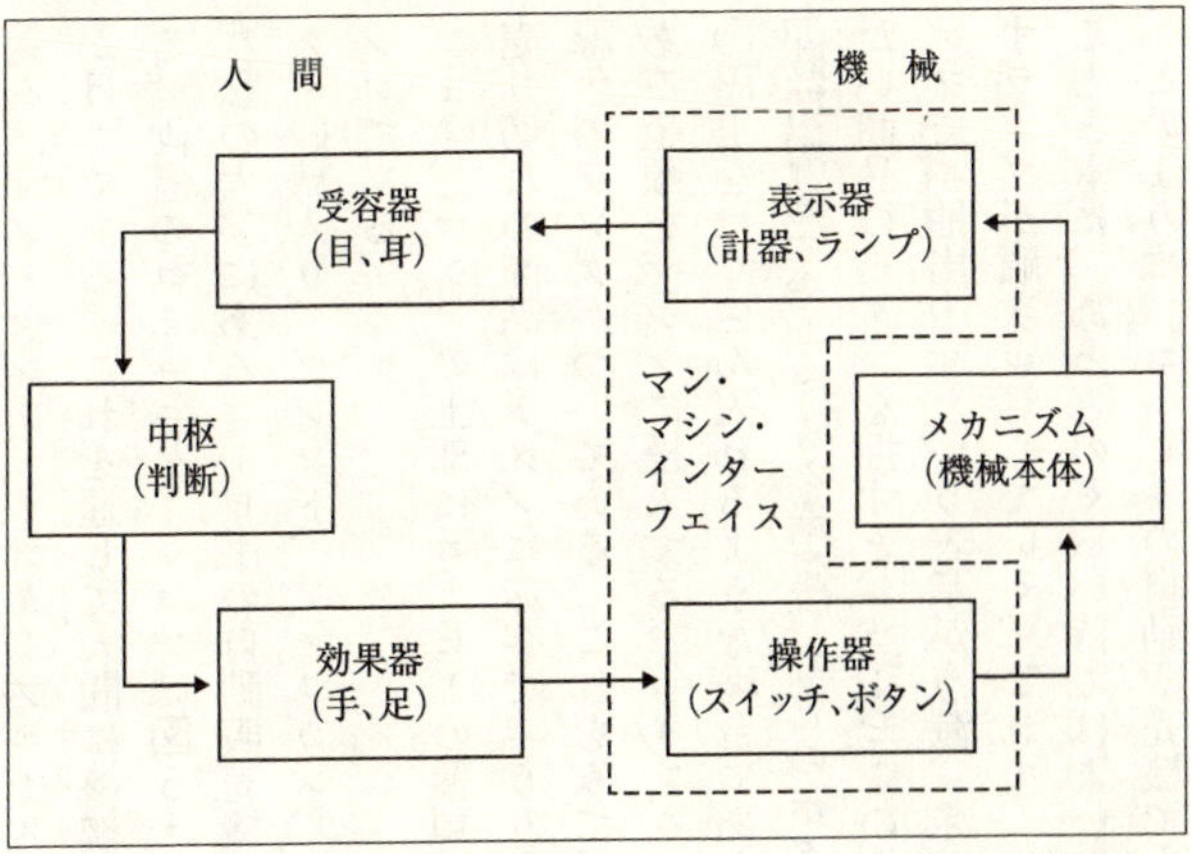

図5.7　マン・マシン・システムとマン・マシン・インターフェイス

るのをみたことがあるだろうか。危ないときに「ピーッ」と吹いて止めるだけなら危険検知型である。ガイドがよそ見をしたり、転んで笛を落としたときにバスは下がり続けてしまう。安全を確認して笛で「バックオーライ」の合図が続いている間だけバスが下がるようにすればフェイル・セイフが実現するのである。

ちなみに、踏切障害物検知装置も赤外線ビームが受光器に届かない状態が五秒以上続くと緊急停止信号が出るしくみだから、実体は「踏切安全確認装置」といえる。

マン・マシン・インターフェイス

人が操作をする機械で、操作結果や機械の状態を示す表示装置のあるものは「マン・マシン・インターフェイス」をもっているといえる。マン・マシン・インターフェイスとは、人と機械が情報を相互にやりとりする「しかけ」である。これを通して人間は機械に意思を伝え、機械は人間に内部の状態を知らせる。両者のコミュニケーションは図5・7に一般化して示すように循環的なものである。

私の大学にあるコーヒーの自動販売機を例にとろう。アイス、ホット、ブラック、ミルク・砂糖入り、ブレンド、アメリカン、など各種のコーヒーを紙コップで売るタイプのマシンである。

まず、マシンの上部にコーヒーの種類が表示してあり、それぞれの下にボタンがある。売り切れの商品はボタンに赤字で「うりきれ」と表示され、在庫のあるものだけボタンに緑色のランプがついている。これをみて、ユーザーは飲み物を選択し、ボタンに印刷してある金額をマシンに投入する。コインを一つ入れるごとに合計金額が表示されるので、一〇円玉をたくさん入れるような場合にあといくつ入れればよいかがわかりやすい。ここで、「砂糖増量」や「ミルク増量」などのボタンを押すと、そのボタンが点灯する。次に飲みたい商品のボタンを押すと、コーヒーの抽出が始まり、コップの取り出し口の上に赤いランプで「抽出中」という表示が点滅、さらに抽出がどれくらい進んでいるかを段階的に示すランプが順次点灯していく。これで、途中でコップを取り出してしまうエラーを防止するとともに、あとどのくらい待てばよいかの予測を与えているのである。

このように、コーヒーの自動販売機でも、ボタン、レバー（払い戻しのときにつかう）、コイン投入口などの操作器と様々な表示によって人と機械が対話をしながら使い、使われていることがわかるだろう。この対話のしかたと、そのための道具が「マン・マシン・インターフェイス」なのである。自動車の運転台、航空機のコクピット、化学プラントや原子力発電所のコントロールルーム、航空管制塔、工場の自動化機器などにおいてはマン・マシン・インターフェイスの良否が安全に直結している。

余談になるが、最近では「マン」に女性が含まれていないのはけしからんということで、「ヒューマン・マシン・インターフェイス」とか「ユーザー・マシン・インターフェイス」、略して「ユーザー・インターフェイス」などという「中性的な」言葉に置き換えられつつある。

標識と注意書き

「危険」、「登るな」、「感電注意」、「回転中は手を触れないでください」というような言語表示や注意書きで安全を確保しなければならない場合もある。赤い色をつかったり、絵文字を併用すれば、インパクトを強め、文字が読めない子どもや日本語がわからない外国人にも意味を伝えることができる。

建設車両メーカーの新キャタピラー三菱では、専門のスタッフが製品のどこに危険の要因があるかをユーザーの立場から検討し、どの位置にどのような注意書きを貼付するかを、発売前に製造スタッフと徹底的に議論するそうである。そして、場合によっては、注意書きにとどまらず、製品のデザインを変える（たとえば手すりを高くするなど）ことによって安全を確保することが決まることもあるという[6]。

このように「危険要因をユーザーに知らせる」よりも「危険要因を取り除く」ことを優先する態度は、安全にとって重要な基本姿勢である。

みやすく、わかりやすく、インパクトのある注意書き、警告表示はもちろん大切である。しかし、第一に事故のリスクを除去することを考え、それができなければ危険な範囲に人や物が入らないよう柵や覆いを取り付けること、そして最後の手段として注意書きがあることを忘れてはならない。

ところで、**図5・8**をみてください。日曜日の午後二時は、いったいどの方向に進めば違反にならないのか。土曜の深夜（日付は日曜）二時だったら？

いうまでもなく、道路標識は走っている車のドライバーがみるものである。とっさに指示が理解できないと困る。走りながら注意を向けすぎると、他の対象が不注意になって事故の要因となりうるし、理解を間違えて方向を誤ると交通違反をおかしかねない。まあ、この標識の場合は、一番上に「止まれ」とあるから、止まってゆっくりみてくださいということなのかもしれないが、走りながらみなければならない標識や道案内表示でも、複雑なものがたくさんある。実際、神奈川大学の堀野定雄教授らの調査によると、わかりにくい標識や、設置位置が不適切な標識の付近で事故が多く発生している。[8]
交通標識・道路標識の設置にかかわる人たちは、ぜひ人間の認知特性を十分考慮していただきたいものである。

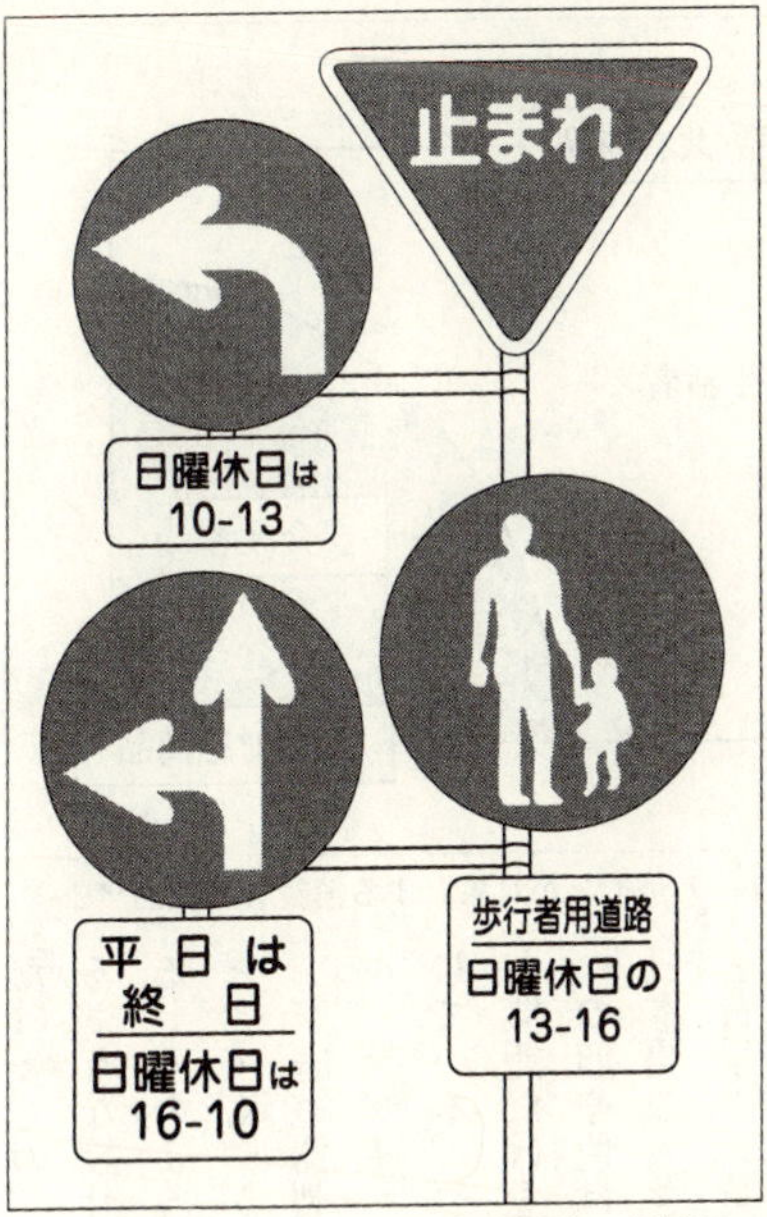

図5.8 わかりにくい交通標識の例 文献(7)

ユニバーサル・デザイン

オモチャやゲームは別として、現在流通している大部分の商品は大人の健常者しかつかうことができない。最近は、高齢者や障害者向けのマーケットが広がって、高齢者向け、障害者向けの商品も増えているが、特定のユーザー向けに特化せず、誰もがつかえるよう設計しようという発想から「ユニバーサル・デザイン」という言葉が生まれた。障害者も、高齢者も、幼児も、できる

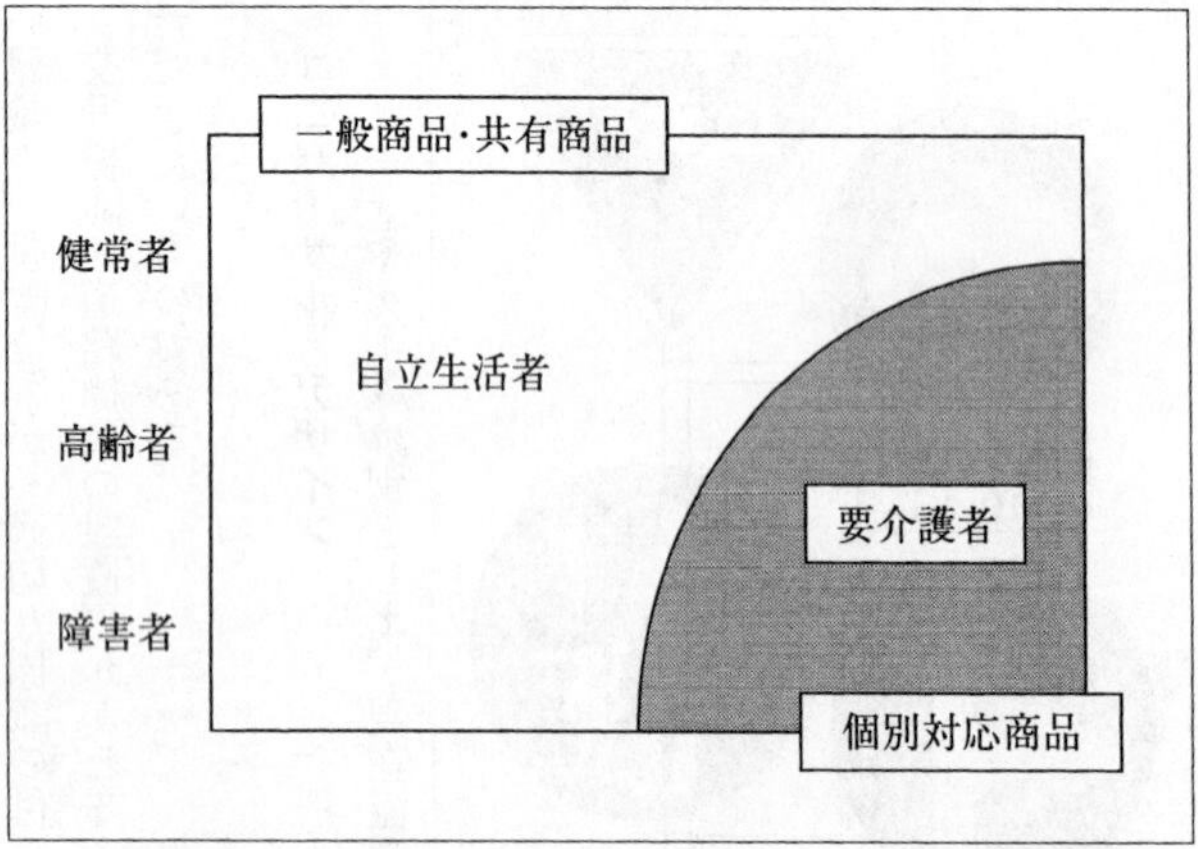

図5.9 ユニバーサル・デザインが対象とする消費者の範囲文献(9)

だけ多くの、できるだけ様々な人が使用できるような設計がユニバーサル・デザインである。そのようなデザインなら、健常な大人にとってもつかいやすいに違いない。

家庭電器製品の各メーカーは、ユニバーサル・デザインを実現すべく取り組みを本格化している。つかわれない機能を整理し、必要な機能だけを大きなボタンで操作する、ボタンの形や色はわかりやすくコーディングされ、日本語の大きな文字でラベルを付ける、文字と背景のコントラストを高くし、できれば点字を添える、音声ガイドや報知音を工夫する、正しい向きにしか電池が入らないようにする、間違った接続ができないようなコネクターの形状を変える、などなど。

松下電器産業では、図5・9に示すような自立生活が可能なすべての人を対象として商品のユニバーサル・デザイン化を進め、たとえば視覚に関してなら、文字を大きくする、触覚記号を付ける、音声でガイドするなどの対策によって障害（バリア）を取り除いた商品づくりを行う方針であると、日本人間工学会で発表している。

しかし、ユニバーサル・デザインを普及させるには消費者の意識改革も必要である。必要性も考えずに機能が多いほうを選んだり、表示の見やすさや操作のしやすさよりも見栄えを重視したりし続けるなら、メーカーとしても「売れる商品」をつくらざるをえないのだから。

文献

（1）横溝克己・小松原明哲『エンジニアのための人間工学（改訂）』日本出版サービス　一九九一年

（2）M.S. Sanders and E.J. McCormick "Human Factors in Engineering and Design", Sixth Edition, McGraw-Hill, 1987

（3）D・A・ノーマン（野島久雄訳）『誰のためのデザイン？』新曜社　一九九〇年

（4）D・A・ノーマン（佐伯胖監訳）『テクノロジー・ウォッチング』新曜社　一九九三年

（5）米山信三「ワン・マシンシステムとしての人間と設備」、竹内常雄編者『産業心理学入門』一七〜四八頁、八千代出版　一九八九年

（6）TALISMAN No.23　東京海上火災保険㈱一九九六年
（7）毎日新聞（なんとかしてェ交通標識）一九九〇年六月二五日付朝刊
（8）堀野定雄ほか「大都市高速道路網案内標識の人間工学的問題点」日本人間工学会第三九回大会発表論文集、二九六〜二九七頁　一九九八年
（9）松岡政治「ユニバーサルデザイン（UD）の設計手法の構築――ユニバーサル商品（モノ）づくりの設計指針」日本人間工学会第四〇回大会論文集（CD-ROM版）1611-2　一九九九年

第六章　違反と不安全行動

不安全行動とヒューマンエラー

「不安全行動」という言葉は、建設業や製造業で働いている人以外にはなじみがないかもしれない。「不安・全行動」ではなく「不・安全行動」、すなわち、安全ではない行動、安全規則に違反する作業、危険な操作などのことをいう。それなら「危険行動」と呼ぶほうが簡単な気がするが、なぜか産業現場では「不安全行動」と呼び習わしている。

筆者は不安全行動を、「本人または他人の安全を阻害する意図をもたずに、本人または他人の安全を阻害する可能性のある行動が意図的に行われたもの」と定義する。やさしくいうと、「自分がけがをしたいわけでも、他人にけがをさせたいわけでもないが、その危険のあるようなことをあえて行うこと」である。第一章で提案した「人間の決定または行動のうち、本人の意図に反して人、動物、物、システム、環境の、機能、安全、効率、快適性、利益、意図、感情を傷つけたり壊したり妨げたもの」というヒューマンエラーの定義と対比させると、「意図」の有無がキーワードである。

たとえば、作業者が棚の上の段に置いてある重い部品をおろすときに、作業標準に定められた脚立を設置するのを面倒くさいと思い、背伸びして取ろうとしたところ、部品が落下し足の指を骨折したとする。脚立をつかわず上段のものをおろす行為は、それが成功しようとしまいと「不安全行動」である。しかし、落とすことは意図したものではない。こちらは「ヒューマンエラー」である。

不安全行動自体は事故に直結しないが、安全行動よりもエラーの確率が増大し、エラーの結果がより重大なものとなる。

リスクテイキング行動

心理学では、危険を認識したうえであえて行動することをリスクテイキングという。不安全行動を意図的なものに限定すれば、それはリスクテイキング行動の一種と考えられる。一般にリスクテイキングのプロセスは図6・1のようにあらわすことができる。

リスクが初めから知覚あるいは予測できなければ自分ではリスクをテイクするつもりはなくても危険をおかしてしまう。たとえば、池に薄氷が張り、その上に雪が積もっているのを雪野原だと思って歩いている人がそうである。ここでは知識や経験がものをいう。筆者は以前、自動車で出勤途中に脇道から出てきたトラックと接触事故を起こしたことがある。こちらからは脇道との交差点があること自体がみえず、脇道からはこちらの見通しが悪く停止線を超えて頭を出さなければ接近してくる車がみえない構造であった。それ以後

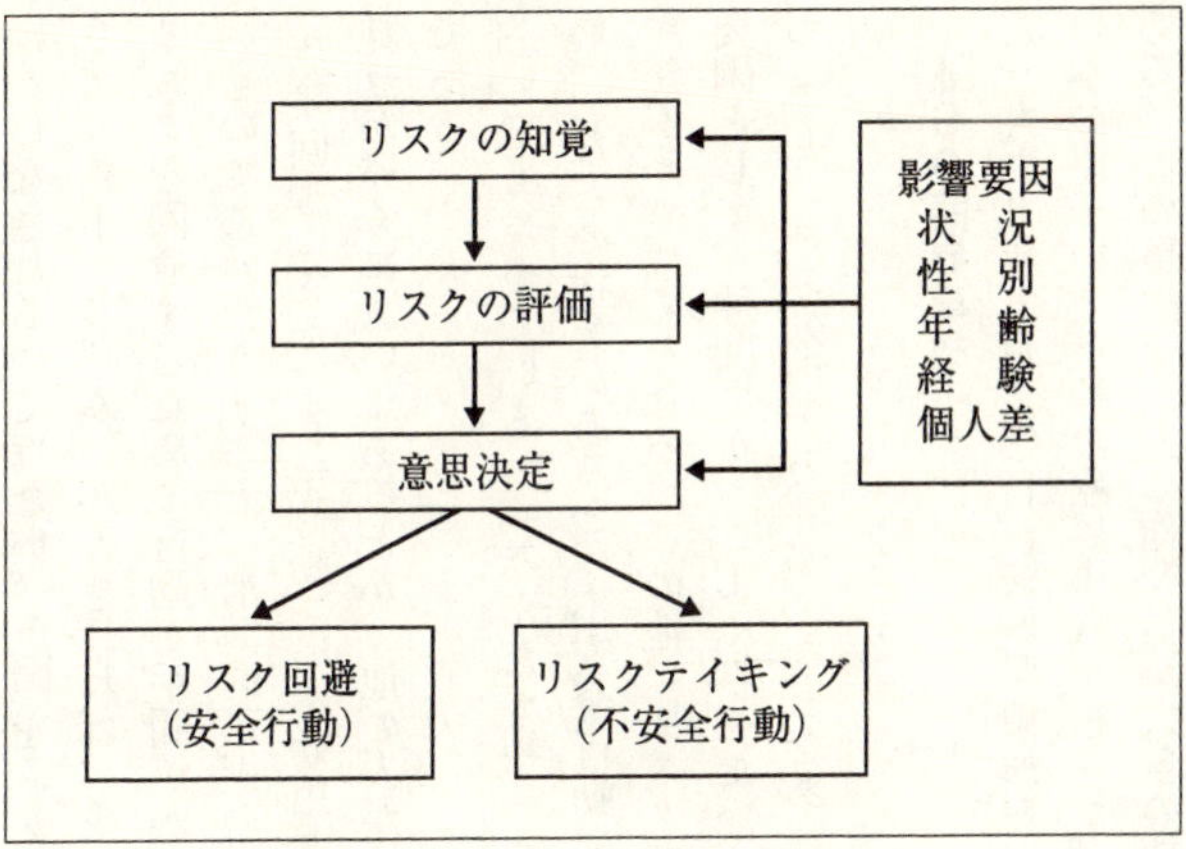

図6.1 リスクテイキングのプロセス

は、現場の近くにくると減速して、脇道から人や車が飛び出しても対応できるよう細心の注意を払うようになった。

リスクを知覚あるいは予測できれば、リスクの大きさを認知し評価するプロセスが次にくる。どれくらい危険が大きいのか、小さいのか一瞬のうちに判断して意思決定の判断材料にするのである。主観的リスクの大きさは「事故・災害の確率×事故・災害が起きた場合に予想される損失の大きさ」の主観的見積もりである。一般的に男性はリスクを過小視し、女性は過大視する傾向があるといわれている。また、リスクの評価が仮に同程度の場合、年齢が若いほどリスクをテイクするほうに意思決定する傾向が強いといわれている。

リスクを回避するかテイクするかを判断する意思決定は、リスクの大きさの評価結果だけからなされるのではない。危険をおかしてでも得られる目標の価値（経済学の用語を借りて「効用」と呼ぶ）が大きければ、少々リスクが大きくてもそれをテイクするだろう。リスクを回避するための行動が手間がかかったり、コストがかかったり、できれば避けたいものであったりすると、消極的選択の結果としてリスクをテイクしやすい。この要因を「危険回避（または安全行動）の不効用」とよぶ。脚立に乗ったほうが安全だと思っても、脚立が遠くに置いてあるとか、他の人が使用中でしばらく待たなければならない場合とかである。

「いつもやっている」、「みんなもやっている」、「みつかっても叱られない（罰が小さい）」などの状況があると、不安全行動に限らず、いろいろな違反に対する心理的ブレーキがかかりにくくなる。この他、リスクテイキングの意思決定に影響やバイアスを与える要因として、仲間にかっこよくみせたい心理や危険なことをするスリルを楽しみたい気持ち（「リスクの効用」と呼ぶ）などをあげることができる。

JCO臨界事故

一九九九年九月三〇日、茨城県東海村（とうかいむら）にあるJCOという会社のウラン燃料加工施設で、日本の原子力史上初の臨界事故が起きた。臨界とは、核分裂反応が連続して起きることである。この事故で三人の作業員が大量の放射線を浴び、直接作業をしていた二人が死亡し

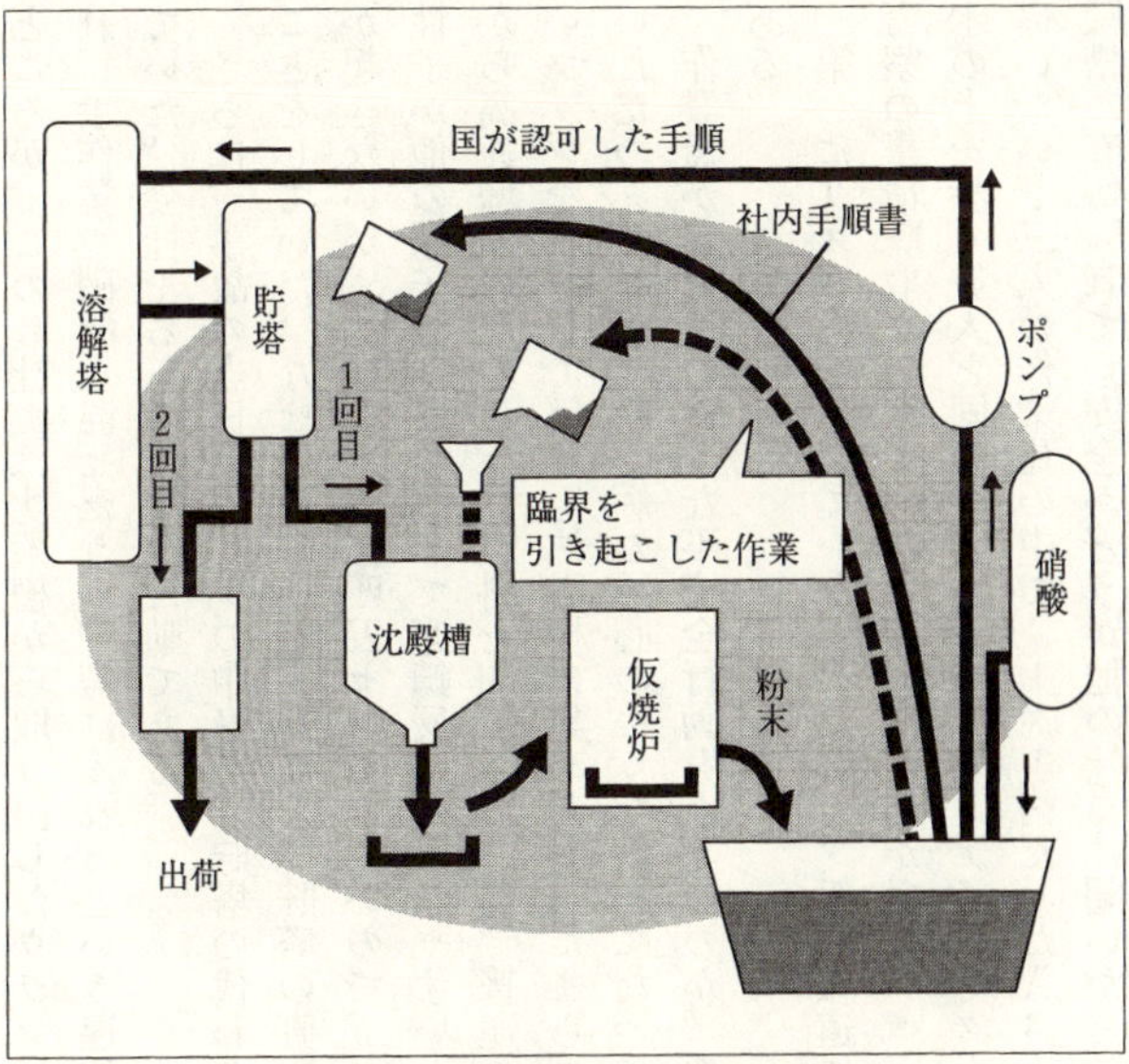

図6.2　ウラン燃料を加工する手順 文献(1)

た。他にもJCO社員や救急隊員、工場の近くで働いていた人など合計四九人が被曝、近所の住民約一五〇人が自宅から避難、三一万人が屋内退避を勧告される騒ぎとなった。

原子炉燃料用のウランを精製するプロセスは、まず原料のウランと硝酸液を溶解塔に入れて溶かし、ポンプで貯塔に送り、さらに沈殿槽へ送る。沈殿槽から取り出し焼いて粉末にしたウランに硝酸を混ぜて溶解塔に戻し、再び貯塔に送ってから製品として取り出す（図6・2）。これが国に届け出されて認可を受けた正規の作業手順である。

ところが、この会社では沈殿槽から取り出したウランの粉末をステンレス製のバケツに入れ、手作業で硝酸と混ぜたうえ貯塔に入れるという違法なマニュアルで数年前から作業していた。「会社ぐるみの不安全行動である。

さらに、事故の当日はバケツの中身を、貯塔の代わりに沈殿槽へ入れるという恐ろしいことをしていた。なぜ恐ろしいかというと、貯塔の直径は一七・二センチと細いため臨界が起きないが、沈殿槽は直径四五センチと太いので、原子核が分裂するときに飛び出す中性子が他の原子核にぶつかって連鎖反応になりやすいからである。しかもこの日は、前日から高速増殖炉用のウラン燃料を加工していた。普通の原子炉でつかうものより五倍も濃いウランをバケツで何杯も沈殿槽に集めたからたまらない。制御棒もコンクリート壁もないただのタンクが、原子炉の炉心のような状態になってしまったのである。

作業員がなぜこのような不安全行動をとったのか。要因はすべて前節にあげたとおりである。

第一にリスクを知覚していなかったこと。新聞報道によると、被災した作業員の一人は警察の事情聴取に対して「臨界の意味がわからない」と答えたという。先に例をあげた薄氷の上を歩く旅人と同じで、自分がリスクテイキングをしているとは思っていなかったに違いない。三人の作業員の中でリーダー格だったAさんは、ウラン溶液を貯塔ではなく沈殿槽に直接入れても安全かどうか他の社員に聞いたところ「大丈夫」と言われ、手順を変更したそうである。この二人はリスクを過小評価したといえる。このような事態を想定できず、バケツを使った違法なマニュアルを提案したり承認した人たちもリスクを過小評価したのだろう。

第二の要因は安全行動のデメリット（不効用）が大きかったこと。国に届けた手順に従うと溶解塔を二度目に使う前に洗ったりしなければならないが、会社のマニュアルではそれが省略できる。それでも貯塔でウラン溶液を混ぜるのに三時間かかるので、当日は攪拌装置のある沈殿槽を使った。これなら三〇分ですむという。

第三には目標の効用が大きかったこと。行っていた作業は、本来、前日までに終わっている予定だった。この作業の後、品質保証グループによる完成品のサンプリング調査の予定も入っていた。だから早く作業を終わりたかったのである。Aさんはマニュアルに違反してでも作業を早く終わらせることに大きなメリットを感じたに違いない。作業を急いだ背景には、効率を重視する会社の姿勢があったことを指摘する報道もある。

前節で、「いつもやっている」、「みんなもやっている」、「みつかっても叱られない」というような場合に違反に対する心理的ブレーキが鈍ると書いたが、違法と知りつつ効率的な作業手順を採用した会社の風土の中に、このような要因を助長する何かがあった可能性も否定できない。被災した作業員は三人とも自分の浴びた放射線量を計測する積算線量計（フィルムバッジ）をつけていなかったが、これは法律にも手順書にも違反している。しかし、ＪＣＯの他の作業員もバッジをつけずに作業していたことがあることを認めているのだ。

日常生活の不安全行動に関する調査

リスクテイキングの傾向には一般に信じられているように、性差、年齢差が存在するのか、ある状況、場面（たとえば交通）におけるリスクテイキング傾向の個人差は他の状況、場面（たとえばギャンブル）におけるリスクテイキング傾向とどの程度関連があるのか、リスクテイキングの差はおもにリスクの知覚や予測の能力（危険感受性）の差に由来するのか、評価の違いなのか、意思決定のバイアスなのか、リスクテイキングの誘発要因と抑制要因にはどのようなものがあるのか、などを解明することが不安全行動の防止に役立つと思われる。

そこで、筆者は鉄道総合技術研究所（ＪＲ総研）に在籍しているとき、同僚とともにこれらの点について質問紙法を用いて調査した。[2] 回答者は一七〜二九歳の若者三四〇人（うち女性六七人）と、四〇〜六三歳の中年男女一四一人（うち女性六三人）である。

回答者には、質問紙とともに二〇例の不安全行動のリストを別紙として渡し、第一問で「あなたは、どれくらいの率で別紙に書かれているような行動をとると思いますか」と質問した。回答者は「決して行わない」をゼロ、「必ず行う」を一〇〇としたパーセンテージを記入する。リストアップされた不安全行動は、「踏切を渡ろうとして手前まで歩いてきたとき、警報が鳴り、遮断機が降りはじめたので、走って踏切を渡った」、「背伸びをしても手の届かないところにあるものを取ろうとしたとき、手近なところに脚立がなかったので、座面が回転する椅子に乗った」などである。

この第一問への回答は、若者群が中年群よりも、そして、男性が女性よりも、どの行動項目についても自己推定実行確率が高いことがわかった。

なお、二〇例のうち、八例は自動車運転場面、七例は歩行や自転車による交通行動場面、五例はその他の日常行動場面である。リスクテイキングの男女差、年齢差は三種類の異なる行動場面のどこでもはっきりとあらわれた。また、同じ性別・年齢群の中で、五例の「その他の日常場面」における行動実行確率の平均値が上位半分に入る人たちを「リスキー群」、下位半分に入る人たちを「慎重群」と名づけると、リスキー群は交通場面でも運転場面でも、同じ性別・年齢群のグループ内の慎重群に比べて行動実行確率が高かった。つまり、ある場面でリスキーな傾向にある人たちは他の場面でもやはりリスキーであり、慎重な人は慎重であるという「場面一貫性」が検証されたことになる。

第二問では「あなたが別紙のような行動を行ったと仮定して、その行動はどのくらい危険だと思いますか」という問で、「全く安全だと思う」をゼロ、「非常に危険だと思う」を一〇〇とした場合の危険度を見積もってもらった。

結果は中年女性がどの項目も危険度を高く見積もり、若年男性は低く見積もった。若い女性と中年男性の評定値は同じくらいであった。各項目ごとに第一問の実行確率の平均値と、第二問の危険度評価の平均値をプロットすると図6・3のようになり、両者はみごとに逆相関している。行動の危険度（主観的リスクの大きさ）がリスクテイキングの意思決定に大きな影響を及ぼしていることがわかる。

しかし、前述したとおり、意思決定の判断はリスクの大きさだけでなされるのではない。質問紙の第三問と第四問では、それぞれ、「あなた自身が別紙のような行動を起こすとすれば、どの理由からだと思いますか」、「あなたが別紙のような行動をとる代わりに下記のような行動（具体的に危険回避行動を記述した）をとったとすれば、どの理由からだと思いますか」とたずね、具体的な理由を例示した選択肢の中から選んでもらった。

その結果、運転でも交通でもない日常場面における行動敢行要因としては「リスク回避の不効用が大きい」こと、交通場面ではこれに加えて「目標達成の効用が大きい」ことと「危険が小さい」こと、運転場面では「危険が小さい」こと、「リスク回避の不効用が大きい」こと、および「人につられて」が重要なものであることがわかった。一方、行動抑制要因としては、どの場面、どの性別・年齢群グループについても「危険が大きい」ことが最大の理由であった。また、中年女性、次いで中年男性の遵法(じゅんぽう)精神が高いこと（やってはいけないことだからやらない）、若い女性、次いで若い男性に「無判断」（何も考えずに行動する）が多いこともわかった。

愛煙家はリスクテイカー

前記質問紙で調べた不安全行動は、失敗をしたら自分がけがをするというタイプのリスクテイキングに限定されている。一方、京都大学の楠見孝博士は、原子力発電、食品添加物、自然災害、スリルのあるスポーツ、ギャンブルなど様々なタイプのリスクに対する態度を調べるための尺度を作成した。[3] そこで、筆者とJR総研の同僚は、不安全行動の傾向と、楠見先生のリスク回避／志向尺度との関係を調べる調査を行った。[4]

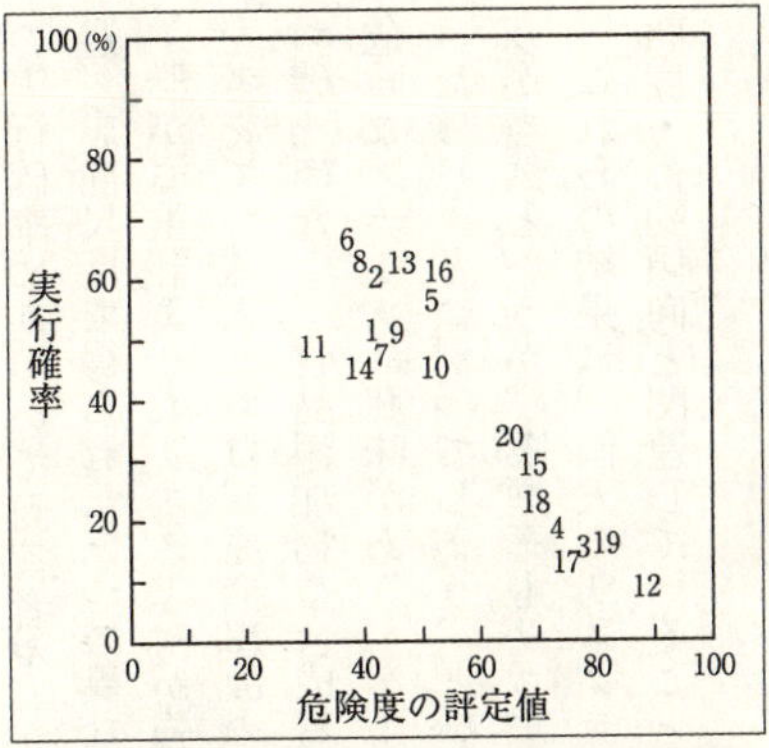

図6.3　各行動の見積もられた危険度と実行確率の関係（図中の数字は行動リストの番号に対応）

調査票は先の調査で使った二〇例の不安全行動に対する、自分自身の実行確率の見積もりおよび危険度の評定と、一八項目のリスク回避／志向尺度などからなる。回答者は三八二人（若年男性一六九、同女性一三三、中年男性四七、同女性三三）であった。

先の研究にならって、「日常行動場面」五例の実行確率に基づいて回答者を「リスキー群」と「慎重群」に分けたところ、リスク回避／志向尺度で得られた三つの異なるタイプのリスク態度の得点すべてについて、リスキー群が慎重群よりもリスク志向が強かった。すなわち、不安全行動を行う率が高いと自らを考えている人たちは、原発事故の心配はあまりしない、ホテルや旅館で避難口をいちいち確かめない、食品添加物や合成着色料のことも気にしない、ハンググライダーのような危険なスポーツに興味がある、ゲームはお金をかけないとおもしろくない、臨時収入が入ったらパッとつかってしまう、というような傾向が強いのである。興味深いことに、というか当然というか、喫煙率もリスキー群のほうが高かった。

これらの結果は、個人のリスクテイキング傾向が「性格」と呼んでもいいような一般的態度・行動傾向と関連していることを示すものである。

駆け込み乗車と無灯火走行

質問紙調査では、個人の回答傾向の違いが結果に影響し、その偏りが「見せかけ」の性差、年齢差、場面一貫性としてあらわれた可能性を捨てきれない。たとえば、若い男性はリスキーな（勇敢な）行動を実際以上によく行うと答え、リスキーな（危険な）状況を現実ではそうするであろう以上に受け入れると表明するかもしれない。

そこで、こんどは駅の階段下にビデオカメラを設置し、乗客の駆け込み乗車を観察した。[5]

列車本数と駆け込む方向（プラットホームが階段の上にあるか下にあるか）の異なる四駅で、朝八時、昼二時、夕方五時からそれぞれ一時間ずつ撮影した。後日、ビデオ画像を分析し、列車の先頭が階段のある場所に到達し、停車し、ドアが開閉し、発車するまでの間における乗客の階段上の行動を、一人一人、歩行、早足、駆け足に分類するとともに、性別と年代を推定した。

駆け足をした乗客の割合を性別・年代別に比較すると、若いほど走る人が多いが、男女差はないことがわかった。駅別に分析すると、列車本数がすくないほど駆け足をする乗客の割合が多く、上り階段は下り階段よりも駆け足の率が高いことが明らかになった。また、時間帯別では、朝に駆け足の率が高い。これらの事実は、朝は目標達成の効用が高いこと、本数の少ない駅では安全行動の不効用が低いこと、下り階段は上り階段よりも主観的危険度が高いことなどから説明できる。

ＪＲ総研の研究グループは、自転車の夜間無灯火走行も観察したが、この場合は、はっきりと女性のほうがリスクテイカーである。

どうやら性差に関しては、質問紙調査の結果を再吟味する必要がありそうだ。女性は自分の不安全行動を実際よりも少なめに答えるのだろうか。「そんな不作法なこと、私めったにしませんわ」といいつつ、人を突き飛ばして閉まりかけのドアにダッシュする？　それとも冷静に判断して意思決定する場合とは全く違う行動をとっさの場合にとってしまうのか。自転車の夜間無灯火の場合には、女性の自動車運転免許取得率が低いことや夜間の運転経験が少ないために、無灯火走行のリスクを十分に認識していないのかもしれない。今後の研究課題である。

安全態度中心モデルと場面対応モデル

東北学院大学の吉田信彌(しんや)教授は、交差点における安全確認やウィンカーによる合図の実行率を観察した結果、シートベルト着用者と非着用者の間に差がないことを報告した[6]。

この結果は、筆者が主張するリスクテイキングの場面一貫性と対立する。安全態度の高いドライバーはシートベルトを必ず締めるはずだし、安全確認も確実に実行するだろうし、合図もきちんと出すだろう、速度制限も守るだろうし、無理な車線変更はしないだろう、というような「安全態度中心モデル」の考え方を吉田先生は間違っているという。それぞれの運転行動は、もっと場面依存的だと主張する。そして、運転行動の多くがスキーマとなって自動化されており、それが場面に応じて活性化されるという「場面対応スキーマモデル」を提唱している。

質問紙法(アンケート)で人に問うと意識的にリスクを評価して答えるが、人の行動の多くは意識のコントロール下にないことも確かである。今後は、不安全行動の種類によって、どの程度意識的に選択されたものか、どの程度スキーマ化されたものかを考慮したうえで、その要因と発生メカニズム、抑制対策を明らかにする必要があるだろう。
スキーマについては次章で詳しく述べる。

不安全行動の四タイプ

リスクの大きさ、意思決定の要因やプロセスの違いにより、不安全行動を四つのタイプに分類してみた。

タイプⅠ・確信犯型　駐車違反、よく確認したうえの赤信号無視や遮断機くぐりなど、違反を承知で確信犯的に実行する不安全行動。事故のリスクは実質上ゼロに近く、「リスクをテイク」しているという意識は本人にはない。対策としては、取り締まりの強化により「罰せられるリスク」を高めるのが一番。放っておくと、他人に迷惑がかかったり、他のタイプの不安全行動を誘発するおそれがある。

タイプⅡ・悪慣行型　田舎の飲酒運転、作業の悪慣行などみんながあたり前のようにやっている不安全行動で、本人に問えば違反であることや危険であることは知っている。しかし、その場ではリスクの評価や判断はなされない。一人一人を注意したり教育したりしてもあまり効果はなく、地域や組織、あるいは職場全体の安全風土を高める取り組みが必要である。

タイプⅢ・駆け込み乗車型　駅で発車ベルを聞いたとたんに走り出したり、人につられて赤信号を渡ったりするもっとも危険なタイプ。先を急ぐ気持ちや条件反射的な反応でリスクのあることを忘れて行動してしまう。不安全行動というより、むしろヒューマンエラーである。柵など物理的手段で止めるしかない。

タイプⅣ・ギャンブル型　目標達成の効用とリスクを秤にかけたうえ決行する。リスクの知覚、評価、意思決定、行動遂行のどこかでエラーをおかすと事故になる。これらすべてのプロセスを正確に行えても、確率的にいつか事故が起きることは避けられない。人間は自分に都合のよい事象の確率は高く感じ、都合の悪い確率は低く感じるものである。このような知覚や判断の歪みを教育することや、安全行動（危険回避）の不効用を抑制することが効果的な対策と思われる。安全規則を守って作業することが非効率であったり、安全装置が仕事のじゃまになったり、保護具の着心地が悪いなどのことがあれば、できるだけ改善すべきである。

リスク・ホメオスタシス説

カナダの交通心理学者ジェラルド・ワイルド博士は一九八二年に「リスク・ホメオスタシス説」を発表し、大きな議論を引き起こした。この、交通行動と生活習慣病に関する人間行動モデルによると、人は知覚したリスク水準を許容しうるリスクの目標値と比較し、両者の差を解消するような行動をとる。そして、人々が選択した行動の長期的な集積が、発生する事故率（危険にさらされる時間当たりに発生する事故の頻度と重度の積）をもたらす。この事故率は時間的な遅れをもって人々にフィードバックされ、知覚されるリスク水準に影響を及ぼす。[7]

これが本当なら、何らかの理由（安全設備、技能訓練など）によって事故率が下がっても、人々の目標リスク水準が下がらないかぎり、しばらく経つと事故率は元の水準に戻ってしまうことになる。「ホメオスタシス」の名が付いているのはこのためである。

ワイルド博士の理論を裏付けるデータがある。[8]

たとえば、様々な安全施策にもかかわらず、アメリカの人口当たり交通事故死者数は一九二三年から現在までの間にほとんど変化がない。イギリスで行われた実験によると、危険を感じる道路ではスピードが遅くなり、安全だと感じる道路では速く走るので、走行時間当たりの事故率はどの道路でも一定になるという。オーストラリアにおける調査によると、車線の幅が三〇センチ広がるごとに時速二キロずつ走行速度が上がる。ミュンヘンのタクシー運転手はＡＢＳ（アンチロック・ブレーキ・システム）を装備した車に乗務するときのほうが在来車に乗るときよりもスピードを出し、車間距離を詰め、事故率が高かった。アメリカ・ジョージア州で最新の安全ドライビング教育を受けて免許を取った高校生よりも、親から運転を習った高校生のほうが事故率が低かった。

結局、道路をよくしても、車をよくしても、ドライバーの技術を高めても、人々が受け入れるリスク水準が変わらないかぎり、これらの対策によって生み出された安全の増加分を、人々はスピードを上げたり、注意力を緩めたりすることによってつかい果たしてしまうのだ。仮に何らかの対策によって事故が減ったとしても、それは一時的なことで、人々が知覚するリスク水準が下がれば、彼らの行動はリスキーな側（すなわち便利、効率的、楽な側）に変位し、再び昔の事故率に戻ると予測する。そして、真の安全対策は、リスクの目標水準を引き下げるように動機づけることであると、ワイルド博士は主張する。

ただし、リスク・ホメオスタシス説で長期的には一定に保たれるという事故率は、「危険にさらされる時間当たり」のものであることに留意する必要がある。ある区間の道路を拡幅・改修して見通しの悪いカーブを直線化した場合、車のスピードが上がるため、その区間を通過する時間は短くなる。仮に、通行台数が一定で、通過時間が半分になったとすると、事故件数が半分になっても事故率は変わらないことになる。台キロ当たりの事故率が半減したにもかかわらずである。余った半分の時間を家でのんびり過ごせばよいのだが、多くの人はさらにドライブして距離を二倍稼ごうとするので、人口当たりの事故率は結局一定に保たれる。

同じ距離を半分の時間で行けるようになった（あるいは、同じ時間で二倍の距離を走れるようになった）のだからよしとすべきなのか、それでは安全になったとはいえないとみるかは難しいところだ。

リスク・ホメオスタシス説は「ワイルドの不幸保存の法則」などといわれて、批判も多い。この理論が成り立たないことを示すデータもいろいろと報告されている。しかし、危険だと思えば細心の注意を払うのに、安全になったと思えば気を緩めたり、無理なことをしがちになることは経験上誰もが知っている。『徒然草』の高名の木登りは、木の高いところでなく、低いところでこそ注意せよと忠告した。新しい安全技術の開発や、安全対策の施行の際には、それによって人の行動が変化することを計算に入れなければならないだろう。

文献

（1）読売新聞（組織ぐるみ違法手順書）一九九九年一〇月三日付朝刊
（2）芳賀　繁・赤塚　肇・楠神　健・金野祥子「質問紙調査によるリスクテイキング行動の個人差と要因の分析」鉄道総研報告、八巻一二号、一九～二四頁　一九九四年
（3）楠見　孝「意思決定に及ぼす基準比率情報と個人のリスク志向の効果」日本心理学会第五六回大会発表論文集、五四九頁　一九九二年
（4）赤塚　肇・芳賀　繁・楠神　健・井上貴文「質問紙法による不安全行動の個人差の分析」産業・組織心理学研究、一一巻一号、七一～八二頁　一九九八年
（5）井上貴文・芳賀　繁・赤塚　肇・楠神　健「駅階段での駆け込み行動における個人要因

と環境要因」日本心理学会第五九回大会発表論文集、三九一頁　一九九五年

（6）吉田信彌「シートベルト着用者と非着用者の交差点行動の比較」国際交通安全学会誌、二一巻一号、三八～四六頁　一九九五年

（7）芳賀　繁「リスク・ホメオスタシス説：論争史の解説と展望」交通心理学研究、九巻一号、一～一〇頁　一九九三年

（8）Gerald J.S. Wilde "Target Risk" PDE Publications, 1994

第七章　人は考えずに行動する

行為のスキーマ

人間の情報処理には意識的に行われるものと、無意識的（自動的）に行われるものとがある。何度も繰り返して体に覚え込ませた認知プロセスは、それを起動する刺激が入力されると、あとは自動的に処理され、あらかじめプログラムされたとおりの出力（認知や行動）がなされる。

日常的行動や熟練した作業の大部分は自動的に行われているので、意識的情報処理が行われるのは、一連の手順を開始するときと、途中、要所要所のチェックポイントだけである。このような自動化された一連の動作や情報処理の手順、関連する知識のまとまりを「スキーマ」という。

たとえば、朝起きてトイレに行って、歯を磨き、顔を洗って拭く手順。いちいち意識しなくても、少々寝ぼけまなこでも、毎日同じ動作が同じ順序で実行される。出勤のしたくをするとき、家を出て会社までの通勤（特に乗り換え）、職場についてから仕事を開始するまでの間に行われる「儀式」、女性なら出かける前のお化粧。すべてスキーマ化されているはずだ。

行為スキーマ（アクション・スキーマ）は行為の意図に基づいて活性化し（アクティベーション、「準備状態が高まる」というような意味）、適当なタイミングや外部の刺激が引き金（トリガー）となって実行される。おしっこをしよう、歯を磨こう、顔を洗おうというのが意図である。個々のスキーマは、より大きなスキーマの中に統合されている。出勤するという大きな意図のもとに、トイレ、歯磨き、洗顔、着替えというような下位の意図が形成されて、対応する下位スキーマが活性化し、順次実行されていく。歯磨きをして口をすすぎ終わった状態が次の「洗顔スキーマ」実行のトリガーとなる。歯磨きはまた、歯ブラシを手に持つ、とか、歯ブラシにハミガキをつけるなどの、より小さなスキーマに細分化して考えることもできる。このように、人間の行動を意図の形成とスキーマの活性化で説明する考え方を提唱したのが、ドナルド・ノーマン博士のアクティベーション・トリガー・スキーマ（ATS）モデルである。(1)

歯磨きをするとき、筆者はまず歯ブラシを右手で取り、次に左手にハミガキのチューブを持って、歯ブラシを持ったままの右手の親指、人差し指、中指でチューブのふたを取り、歯ブラシにハミガキをつける。次にふたを初めは右手の三本の指で、途中から左手の親指と人差し指で閉めてから歯磨きを開始し、右手で磨きながら左手でチューブを元の場所に戻すようだ。「ようだ」と書いたのは、今これを書くために実際に洗面台でやってみなければ毎日繰り返していることを正確に思い出せなかったからである。やってみる前は、外したチューブのふたを洗面台の縁に置いて、歯磨きが終わってからふたをしてチューブを戻すと思っていた。あなたも試しにやってみてください。「あ、オレ（ワタシ）こんなやり方してるんだ」と発見するだろう。それほど無意識に体が動いているのである。

しかし、いくら一連の行動が自動的に遂行されるといっても、人間はロボットではないから、ときには必要のないスキーマが起動してしまったり、あるスキーマの途中で別のスキーマに脱線してしまうこともある。下位スキーマの順序が狂ったり、一つが抜け落ちたりすることもある。

たとえば、あるスキーマは、いつも外からの信号（刺激）をトリガーにして実行されているとしよう。そうすると、その信号が現れた場合、必要もないのにこのスキーマが突然起動してしまうことがある。毎日定期券で電車通勤している人が、他の用事で別の電車に切符を買って乗り、降りるときに改札で定期券を出してしまうとか、仕事で電話の応対が多い人が、家で電話をとったときに、「はい、○○でございます」と社名で応えてしまったりするエラーがこれである。

筆者は、アメリカ旅行中に自分が日本人であることを痛感したことがある。自動車旅行していてあるモーテルに泊まった翌朝、どうしても靴が見つからない。もしや、と思ってドアを開けたら、廊下に靴が脱ぎ揃えてあったのである！

この安モーテルの廊下は屋外でコンクリート引きであった。手すりのついたベランダのようなところに各部屋のドアが並んでいる日本の二階建てアパートのようなタイプの建物である。コンクリートの廊下からじゅうたんの敷かれた客室にはいるとき、無意識的に「靴を脱ぐ」というスキーマが活性化し、実行されてしまったのに違いない。

図7・1は別のパターンのスキーマ活性化エラーを模式的にあらわしたものである。これは、スキーマ1とスキーマ2が途中まで同じ場合、途中のチェックポイントでぼんやりしていると、目的外のスキーマに乗り換えてしまうエラーが起きることを示している。

筆者は、オムレツをつくろうと思って卵を割り、牛乳を加えてかき混ぜて塩胡椒(こしょう)をし、フライパンに流し込んだ後うっかりかき混ぜてスクランブルエッグをつくってしまったことがある。書留を取りに庶務課に行ったら、隣の経理課で申請していた出張旅費が出ているといわれ、旅費を受け取ったあと書留のことを忘れて席に戻ってしまったこともある。

職場の異動でフロアが変わったのに、つい以前の階でエレベータを降りてしまったり、年が改まってしばらくの間、「平成○年」と去年の数字を書いてしまったりするのは、古いスキーマが強固に生きているうえに、新しいスキーマがまだ十分形成されていないためである。

下位スキーマの順序はかなり強固に固定されている場合もあるし、柔軟に入れ替わる場合もある。柔軟に入れ替わるほうがいろいろな状況に対応できる可能性がある反面、下位

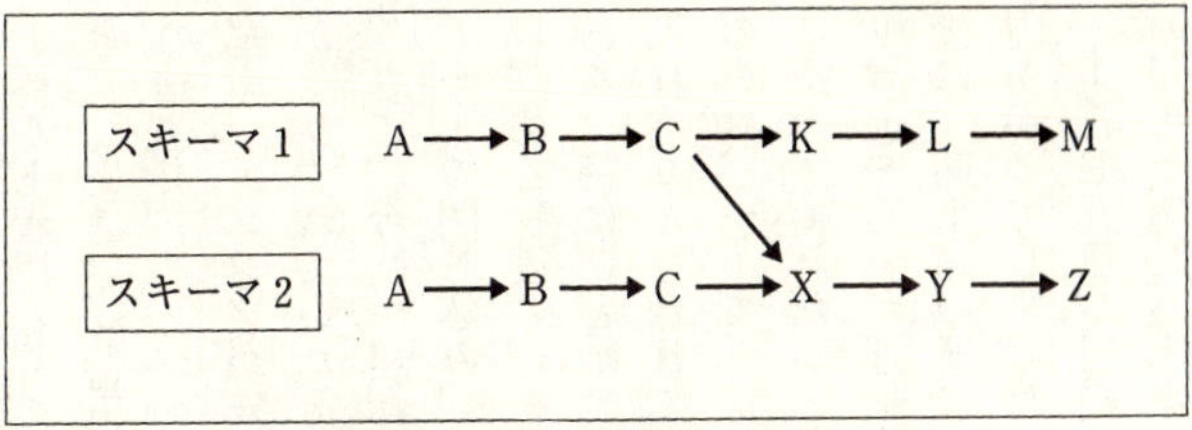

図7.1「スキーマ乗り換え」エラー

スキーマの一つが実行されずに忘れられる可能性も多くなると思われる。

車のキーの閉じ込み

あなたは自分で運転するために車に乗って、発車するまでの操作をどのような順序で行っていますか。ある人はドアを開け、座り、シートベルトを締め、エンジンをかけ、ギアを入れ、サイドブレーキを緩め、後方を確認し、ウィンカーを出し、もう一度後方を確認してから発進する。ある人はドアを開け、座り、先にエンジンをかけ、次にシートベルトを締め、ウィンカーを出し、ギアを入れ、サイドブレーキを緩め、後方を確認してから発進する。なかには、ドアを開けたら座る前にエンジンをかけてしまう人もいる。このような順序は、人によっていろいろだろうが、同じ個人の中ではいつもほとんど変わりがないものと思われる。ただし、本人はあまり意識していない。

東北学院大学の吉田信彌教授は、大学の駐車場で帰宅時に各教職員が車に乗って発車する際の動作、特に、エンジン始動とシートベルト着用のタイミングを一カ月間観察した。[2] そして観察期間の後でインタビューに行き、「あなたが駐車場から車を発進させるときの手順を答えてください」、「何パーセントの確率でシートベルトをしていると思いますか」などとたずねると、シートベルトの着用率や、エンジンが先かベルトが先かという順序などについて、観察結果と本人の申告とがかなりずれていたそうである。

さて、今度は運転を終わって駐車するときの話である。

キーの閉じ込み、すなわち、エンジンキーを車内に残してドアをロックしてしまうミスは、ある程度の運転歴をもつ人なら誰もが経験したことがあるだろう。筆者も一度ならずある。特にひどかったのは、旅先でドアをロックしたあとジャンパーのポケットにキーを入れたことを忘れてトランクに放り込み、バタンと閉めてしまったときである（そのときの車は、キーでトランクを開けるタイプだった）。宿の主人が得意だからと針金でゴリゴリやってくれたがどうにもならず、あきらめて自動車修理工場の人を電話で呼んだら、ゴリゴリやられた運転席側ドアの鍵は壊れて開かず、助手席側だけを開けてもらえた。その後は、助手席のドアからいちいち乗り降りをしながら旅を終え、壊れた鍵を直すのに数万円かかってしまった。

ＪＡＦ（日本自動車連盟）のロードサービスでも、[3] バッテリー上がりと並んで最も多いのがキー閉じ込みをしたドライバーからの通報である。

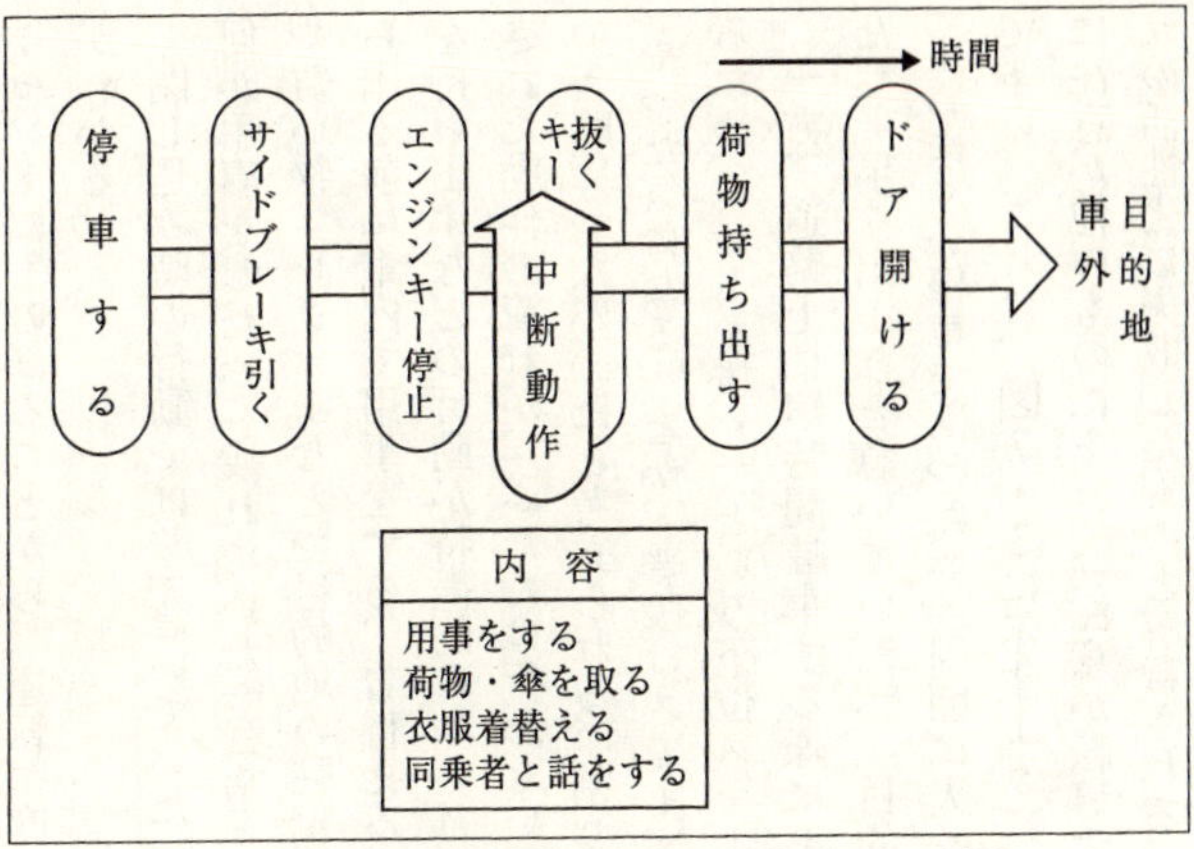

図7.2 動作中断によるエラー発生プロセス[文献(4)]

大阪大学の臼井伸之介博士は、一九八六年にＪＡＦ関西本部の協力を得て、キー閉じ込みエラーをしたドライバーにその場でアンケートに答えてもらうという、非常に興味深い調査を行った。質問内容は、性別、年齢、運転経験、運転頻度、トラブル経験回数、キー閉じ込み時の行動、駐車の目的、場所、予定時間などであった。

まず、全体的には若くて運転経験の浅い人が多い。このクラスの人には性差はない。つまり男女半々である。しかし、四〇歳以上で経験一八年以上の人も一一・五パーセントいるので、熟練ドライバーにもキー閉じ込みはけっこう多いといえる。実際、筆者が前記のへまをしたときも、四〇歳頃、免許歴二〇年以上だった。また、自動車の使用頻度は、毎日または週三～四日と答えた人が八五・一パーセントにものぼることから、運転頻度の高い人たちが、キー閉じ込みリスクも高いことがわかる。

閉じ込み時の行動では、「急いでいた」、「持ち出す荷物があった」、「車外に出るまでに何か用事をした」、「疲れていた」、「考え事をしていた」などの回答が多い。特に、仕事や買い物、レジャーなどで目的地の駐車場に到着した際に閉じ込みしたケースでは、車から出る前に車内で用事をする、着替える、同乗者と話をする、ドアを閉める前に荷物や傘を持ち出すなどの行動が特徴的にみられた。つまり、図7・2に示すように、スキーマ化された動作の流れが、ふだんは行わない行動の割り込みによって中断し、キーを抜く動作の省略につながったと考えられる。割り込み行動がキー抜き動作に置き換わってしまい「やった気になる」とか、普段はスムーズに行われる時間間隔が乱れたり、順序が逆転するため、「キーを抜く」という下位スキーマが活性化されずに終わってしまうのだろう。

一方、道路上に短時間駐車する際にキーを閉じこめたケースでは、「所用で急いでいた」、「早く出ようと急いでいた」、「目的地、駐車場所、電話など何かを探していた」、「止めにくい停車であった」、「周囲に人や車が多かった」という回答が他のケースに比べて多い。これは、図7・3に示すように、「駐車をする」という上位スキーマの実行途中に注意が他のものにそれ(「注意が転導する」という)、「キーを抜く」という下位スキーマの活性化に失敗したものと解釈される。

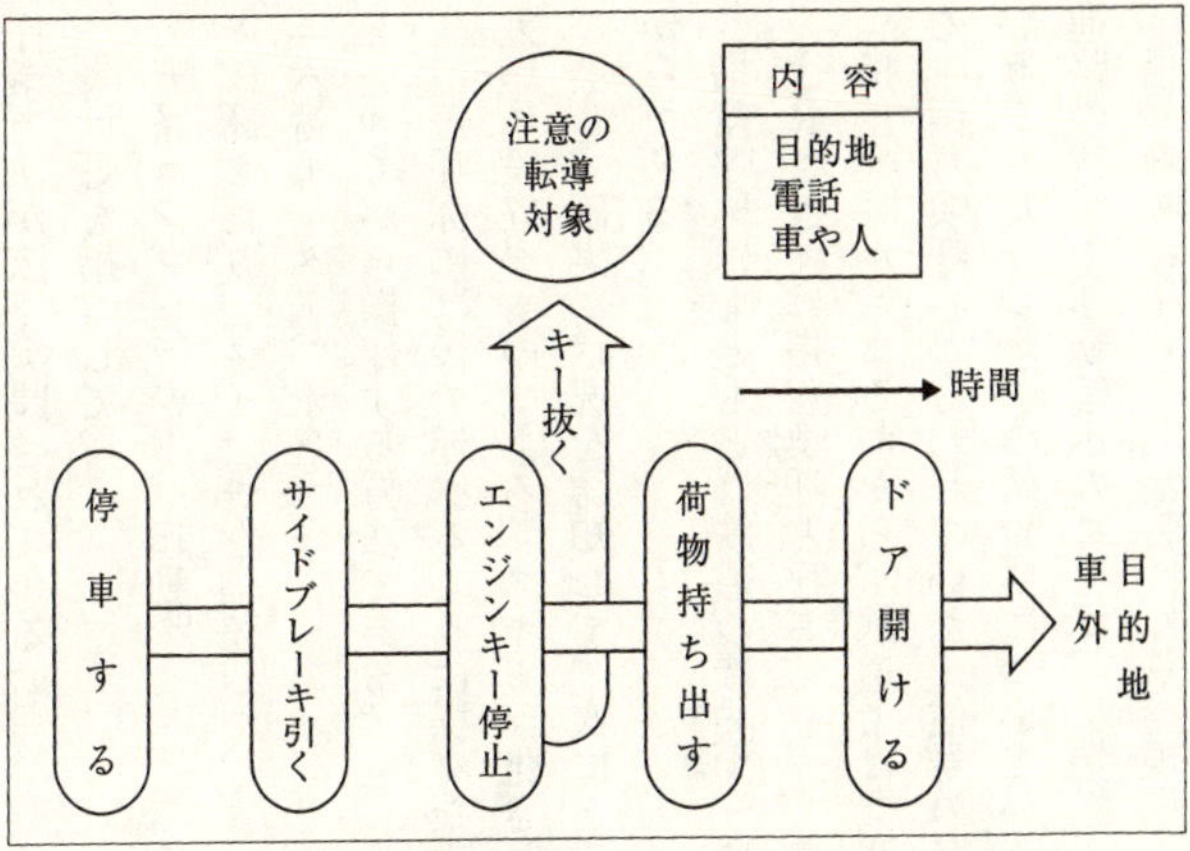

図7.3 急ぎ、注意の転導によるエラー発生プロセス[文献(4)]

筆者がおかしたもう一つの失敗例がこれである。国鉄の研究所に勤めていた当時、たまたま車で出勤し、敷地内に駐車をしようとしたがよい場所はすでにふさがっており、ようやく別の車と立木の間に止めることができた。運転席側のドアが木につかえて開かないので、シフトレバーを乗り超えて助手席側から外に出、ドアを閉めたらエンジンがまだかかっていた！

研究室の机の引き出しにスペアキーがあったので、このときは金銭的被害がなくてすんだのは幸いであった。

指差呼称

錯覚、見間違い、操作ミスを予防する方法として、産業現場では「指差呼称（ゆびさしこしょう、または、しさこしょう）」という作業方法が広く実践されている。

表示灯を指差して、

「五番コンプレッサー、起動」

と確認したり、スイッチを指差して、

「六番モーター、オン」

といってから操作する方法である。

指差呼称には後で述べるように様々な効果があるが、スキーマ活性化エラーの予防にも大いに役立つものである。スキーマ化された行動の要所要所で意識的情報処理モードを呼び戻し、確実に状況を認知して、次にとるべき行動シークエンスを間違いなく活性化するからである。

指差呼称はもともとは鉄道の機関士・運転士が考えだしたものである。ちなみに旧国鉄～JR各社では指差喚呼（しさかんこ）と呼ぶ。

指差喚呼が始まる前から、鉄道では機関士が信号の名称とその現示（げんじ）を声に出して確認する「信号喚呼」が行われていた（信号の名称とは「上り本線出発」とか「第五閉そく」というような一つ一つの信号機についている名前であり、現示とは信号の腕木や灯色が示す進路の状態や運転指示のことで、「進行」、「注意」、「停止」などがそれに当たる）。

信号喚呼は早くも明治時代に鉄道現場の「生活の知恵」として自然発生的に生まれたも

のといわれている。当時は二人乗務であったから、機関士と機関助士がお互いの信号確認をクロスチェックする「喚呼応答」が行われるようになったのも自然のなりゆきであったのだろう。喚呼応答とは、最初に機関助士がたとえば「第五閉そく！」と信号機名をいい、次に機関士がその現示をみて「第五閉そく進行！」と応え、最後に助士が「進行！」と再確認する信号確認作業手順である。

一方、「指差」のほうは、昭和の初年頃から東京近郊の乗務員が自発的に信号喚呼に指差しを併用し始めたものが全国に広がっていったという。

このように、指差も喚呼も機関士・運転士が信号を確実に確認するために工夫した作業方法だが、国鉄〜JRでは、線路を横切るとき、ポイント、信号、スイッチ類を操作するとき、表示灯や計器をチェックするときなど、様々な操作・確認の場面で、あらゆる職種の人たちに取り入れられていった。それをみた他の会社の人たちも、「これはいい」ということでまねをし、少しずつ広まっていった。そして、一九八〇年代から、中央労働災害防止協会が「ゼロ災運動」に取り入れるところとなり、一気に普及したのである。

なぜエラーを防げるか

指差呼称がエラー防止効果をもつメカニズムについては次のような理由が考えられる。

（1）注意の方向づけ

表7・1は人間の意識水準を五つの「フェイズ」に分けて示したものである。これは、旧国鉄の鉄道労働科学研究所で労働生理研究室長をしておられた橋本邦衛博士が、脳波のパターンとヒューマンエラーの関係に着目して提唱したもので、その後、柳田邦男氏が『フェイズ3の眼』[6]という本の中で紹介して広く知られるようになった。フェイズⅢが最も人間信頼性が高いので、できるだけ、このフェイズで重要な操作・確認をしなければならない、というのが一般的なこの表の見方である。

ところで、表の「注意の作用」という列に注目してほしい。フェイズⅡは「受動的」、フェイズⅢは「能動的」とある。

フェイズⅡでは注意が広く浅く配分されていて、新しい刺激が発生したり、何か変化が生じたときに、そこに注意を向ける態勢にある。一方、フェイズⅢでは注意を向ける対象を主体的に選択し、注意の方向を積極的にコントロールしている。フェイズⅡでは、いわば、外からの呼びかけに応える形で受動的に注意が方向づけられ、フェイズⅢでは内側（人間の脳）から能動的に注意の対象を次々と切り替えていくのである。

通常作業の大半はフェイズⅡで行われている。フェイズⅢは確かに信頼性は高いが、注意の範囲が狭すぎてかえって危険な場合がある。何かに集中している人に声をかけても返事がないことがあるだろう。それに、フェイズⅢは強い緊張を強いるのであまり長時間持続することができない。しかし、重要な操作・確認の際にはフェイズⅢで行うべきである。

フェイズ	意識の状態	注意の作用	生理的状態	信頼性
0	無意識・失神	ゼロ	睡眠・脳発作	0
I	意識ボケ	不注意	疲労・単調 眠気・酒酔い	0.9以下
II	リラックス	受動的	安静起居・休息 定常作業時	0.99〜 0.99999
III	明晰	能動的	積極活動時	0.999999 以上
IV	過緊張	一点に固執	感情興奮時 パニック状態	0.9以下

表7.1 意識レベルのフェイズと人間信頼性文献(5)

指差呼称はフェイズをIIからIIIにシフトアップし、操作・確認の対象に注意を能動的に方向づける非常に有効な手段である。

（2）**多重確認の効果**

指差呼称がエラー防止効果をもつ第二の理由は人間の感覚を総動員してチェックするところにある。

腕と指で対象を指し、指差したものを目で見、見たものを口に出していい、いった言葉を耳で聞く。腕、指、口、目の筋肉を動かす運動神経への指令と視覚・聴覚情報の分析にはもちろん脳のいろいろな領域が関与している。指差呼称は、目と耳と口と筋肉で確認することで、目だけ、耳だけの確認よりも精度を上げる効果があるのである。

（3）**脳の覚醒（かくせい）**

指差呼称に伴う口や腕や手の運動には脳の

覚醒レベルを上げる働きがある。特に、発声に伴う咬筋（アゴの筋肉）の運動は、大脳全体の覚醒レベルをつかさどる「脳幹網様体」という部位に直接信号を送るといわれている。ガムを噛むと眠気が収まるのもこのためである。

また、身体の動きが少ない作業を続けているとどうしても眠気を催したり、頭がぼんやりとなりがちである。そんなとき、のびをしたり、軽い体操をすると、身体がほぐれるだけでなく、頭もすっきりするだろう。

指差呼称は、列車の運転や監視作業のような座ったままあまり身体を動かさない仕事に、適度な運動を取り入れ、身体と脳をリフレッシュさせるのに役立つのである。

（4）焦燥反応の防止

刺激の知覚と反応の間に指差呼称を挟むことで焦燥反応や「習慣的動作のエラー」を防止する効果がある。焦燥反応とは、あせり、あわて、先急ぎの気持ちから、きちんと認知・判断をする前に動作・操作をしてしまうエラー、習慣的動作のエラーとは特定の刺激をきっかけにしていつも同じ反応をしていると、いつもとは違う反応をしなければならないときにも、いつものとおりに身体が動いてしまうエラーである。「つり込まれエラー」とも呼ばれるものも、その一種である。

刺激が現れてもすぐに反応せず、指差呼称を入れてから操作することで、刺激と反応の間にタイムラグが生じ、条件反射的結びつきを断ち切ることができるのである。

実験による検証

筆者は、一九九四年に、当時所属していた鉄道総合技術研究所（JR総研）の同僚とともに、指差呼称にエラー防止効果があることを実証するための実験を行った。[7]

実験装置は鉄道運転シミュレータのようなもので、運転台模型のうえにはパソコンにつながった五つの反応ボタンが置かれている。運転台から二メートル離れたところに置かれたCRTディスプレイには、黒色の縦長楕円（だえん）の中央に、直径二センチ強の色の付いた円（以下「信号」と呼ぶ）が二秒間隔で次々に表示される。信号の色は、赤、白、黄、緑、青のいずれかである。反応ボタンは、右から順に、赤、白、黄、緑、青に対応させ、ボタンの手前に色名を書いたラベルを貼った。

被験者の作業は、信号の色に対応するボタンを、間違えないようにできるだけ早く押すことであるが、作業方法の違いによる四つの実験条件を設定した。すなわち、指差も呼称もしないでボタンを押す「指差・呼称なし」条件、信号を指差してからボタンを押す「指差のみ」条件、信号の色名を口でいってからボタンを押す「呼称のみ」条件、そして、信号を指差呼称してからボタンを押す「指差呼称」条件である。

JR総研の職員二四人（うち、女性四人）が被験者として実験に参加した。被験者は四つの条件すべてを、被験者ごとに異なる順序で行った。すなわち、ある被験者は「呼称のみ」→「指差呼称」→「指差・呼称なし」→「指差のみ」の順で行い、別の被験者は「指差・呼称なし」→「指差のみ」→「指差呼称」→「呼称のみ」の順という具合である。各条件一〇〇回ずつ行う。

被験者が間違ったボタンを押した確率を条件別にみたのが図7・4である。エラー率は「指差も呼称もしない」条件に比べ、指差か呼称をすれば二分の一ないし三分の一に、指差呼称をすれば六分の一に低下することがわかった。

しかし、このように低いエラー率では、ほとんどの人はエラーをおかさず、エラーをおかした一部の被験者のみが実験結果を左右した可能性が疑われる。そこで、一〇〇回のうちに一回でも誤反応をおかした被験者の数を比較してみたところ、エラー率と同様の結果となった。

つり込まれエラーにも効果

指差呼称をする条件としない条件とで習慣的動作のエラーを比較することを目的として、もう一つの実験を行った。今度は、列車出発時の運転士の作業を模した作業を被験者に課した。先の実験と区別するために、先のを「実験Ⅰ」、これを「実験Ⅱ」と呼ぶ。

実験装置は反応ボタンの左側に新たに知らせ灯（発車の合図になる）を設置した以外は、実験Ⅰと同じである。実験Ⅰで用いた五つの反応ボタンのうち、右端のボタンを本実験の

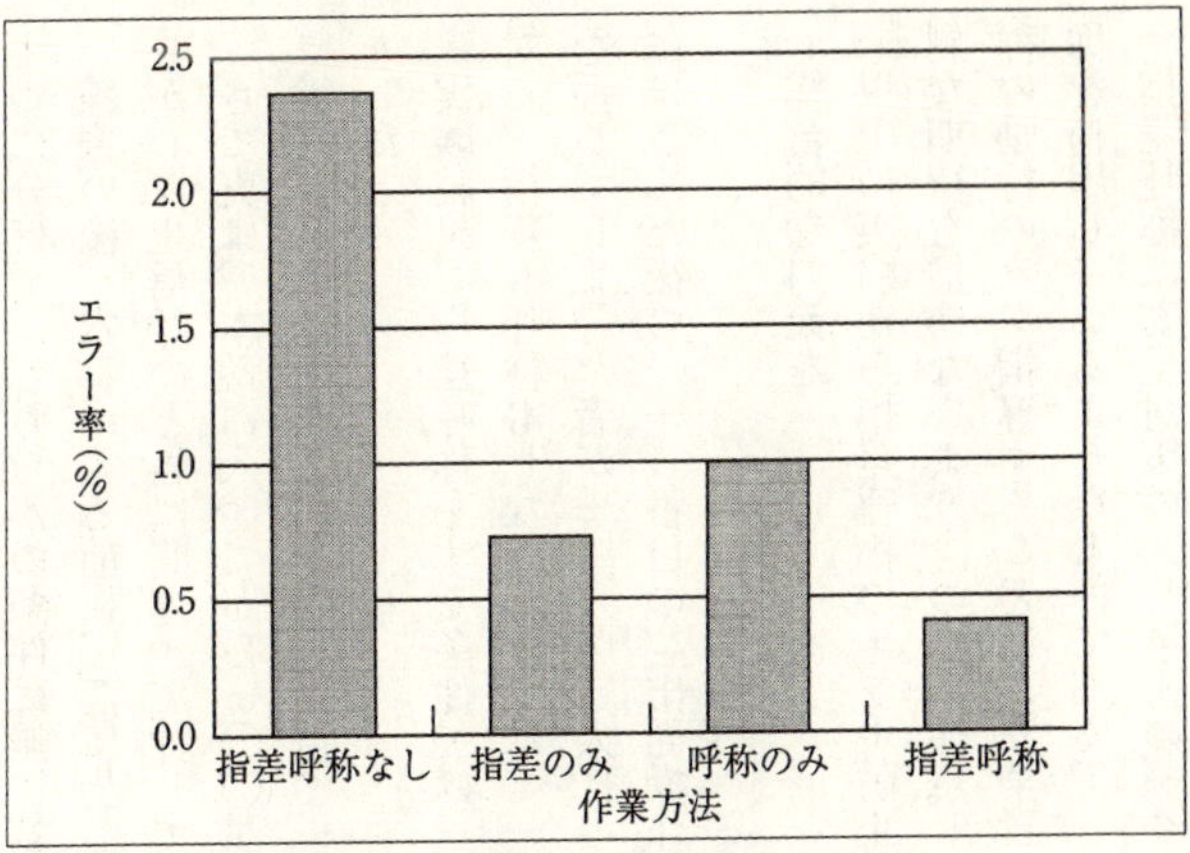

図7.4 実験Ⅰにおけるエラー率文献(7)

反応ボタンとした。

実験が始まると被験者は手元の知らせ灯を監視している。知らせ灯は前の反応から五〜二〇秒の後に点灯し、被験者は知らせ灯が点灯するとディスプレイに表示された信号を確認して、赤信号でなければ反応ボタンを押す。知らせ灯と信号とは同時に点灯するので、被験者は知らせ灯点灯に先だって、あらかじめ信号を確認しておくことはできない。

表示される信号の種類は進行（緑）、減速（黄＋緑）、注意（黄）、警戒（黄二灯）、停止（赤）の五つである（図7・5）。

今回は、知らせ灯がつき、信号を確認したら直ちに反応ボタンを押す「指差・呼称なし」条件と、信号を指差呼称したうえで反応する「指差呼称」条件の二つだけを設定し、二四人の被験者（うち、女性六人）を一二人ずつに分けて、どちらかの条件に無作為に割り当てた。

練習の後、本番に入る前に、「停止」でなければできるだけ早く反応ボタンを押すこと、しかし停止信号のときに間違って押してしまわないよう注意を与えた。

さて実は、本番に入ってから一〇〇試行までは「停止」以外の四種の信号のいずれかがランダムに表示される。一〇一回目と一一一回目だけに赤信号が表示されるようプログラムした。

実験結果、指差呼称をする条件では一人も「つり込まれ」エラーをおかさなかったのに対し、指差も呼称もしない条件では、一〇一回目に初めて赤信号が出たときに反応ボタンを押してしまった者が一二人中五人にのぼった。この五人のうち三人は、九回の反応を間にはさんだ後の一一一番目の「出発操作」において再びエラー反応をおかした。(7)

総合的な対策を

以上の実験から指差呼称のエラー防止効果が実証された。しかし、指差呼称に対して過剰な期待を抱かないよう念のため注意しておきたい。設備などの改善を怠ったまま指差呼称の励行のみを指導することは、安全責任を個人の作業者に押しつける道具として指差呼称を利用しているようなものである。

指差呼称は安全対策のメニューの一つに加えるべきものではあっても、それが安全対策

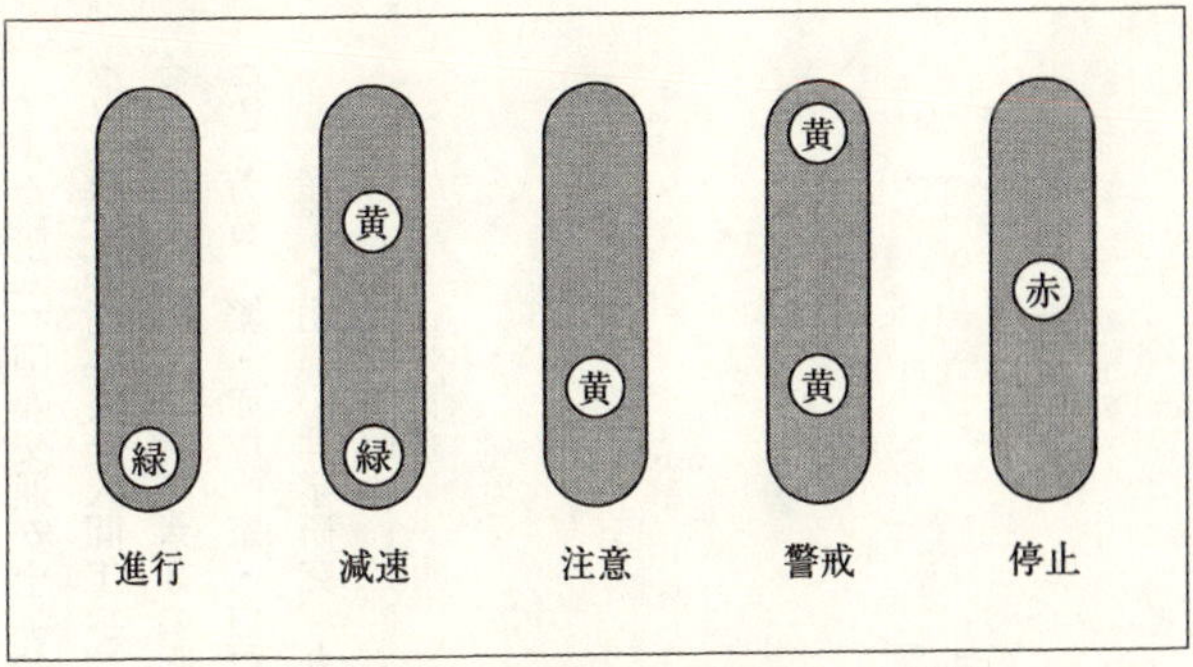

図7.5　実験Ⅱで提示した信号パターン 文献(7)

のすべてであってはならない。

また、やたらに頻繁な指差呼称を強制することによって、かえって確認動作が形骸化してしまう例もある。どの作業でどのスイッチ（または表示）に対し、どのタイミングで指差呼称すべきかはエラー防止効果の有無に決定的な意味をもつと思われるので、それぞれの職場で十分に議論して決めることが大切である。

文献

（1）D.A. Norman 'Categorization of action slips', Psychological Review, Vol.88, 1-15, 1981
（2）吉田信彌「運転の自己評価と実際行動の対応」平成九年度佐川急便交通安全調査研究振興助成報告書　一九九七年
（3）JAF（日本自動車連盟）「平成一四年度のロードサービス救援内容」http://www.jaf.or.jp/"
（4）臼井伸之介「自動車内キー閉じ込みエラーに関す

る研究」国際交通安全学会誌、一三巻二号、四三～五二頁　一九八七年
(5) 橋本邦衛『安全人間工学』中央労働災害防止協会　一九八四年
(6) 柳田邦男『フェイズ3の眼』講談社　一九八四年
(7) 芳賀　繁・赤塚　肇・白戸宏明「『指差呼称』のエラー防止効果の室内実験による検証」産業・組織心理学研究、九巻二号、一〇七～一一四頁　一九九六年

第八章　安全の文化

エラー防止と事故防止

ヒューマンエラーのために事故が起きるからといって、ヒューマンエラーが起きないような対策だけを考えるのは間違っている。要は、事故を防止したいのだから、たとえばエラーが起きても事故にならない対策を講じておけば、極端な話、いくらエラーが起きてもかまわない。

また、万一事故が起きてしまった場合の対策も忘れてはならない。たとえが悪いかもしれないが、旧日本軍では戦場で捕虜になってはいけない、死ぬまで戦えと教えていたため、捕虜になったときの心得を全く教育しておらず、軍の配置や兵力を質問されるままにペラペラ喋（しゃべ）ってしまったという。現在でも、たとえば原子力施設などでは、「絶対に安全です」というタテマエに縛られて、万一の大事故への備えがとりにくくなっているのではないかと心配である。案の定、第六章で分析したJCO事故の際には、会社にも村にも臨界に対する備えが全くなかったため、混乱や対応の遅れを招いた。国が施設を認可するときに、「臨界が起きないような対策がとられているから、臨界は起きない」という前提で審査が

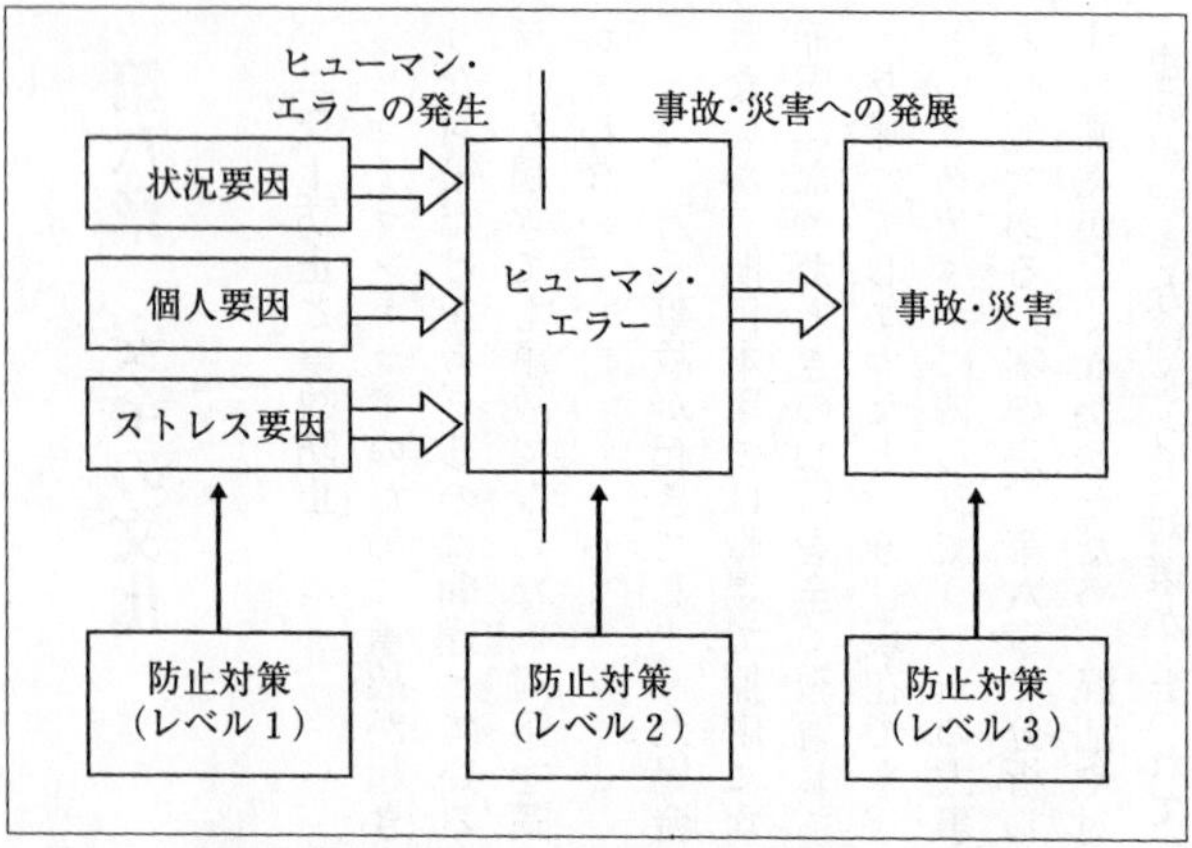

図8.1 ヒューマン・エラー事故防止対策の3レベル文献(1)

進められたと聞く。とんでもない話である。

ヒューマンエラー事故の対策は、次の三つのレベルのそれぞれで行われるべきだといわれている。すなわち、エラー発生の確率を下げること、エラーが事故・災害につながることを防ぐこと、そして、事故・災害の被害を最小限にくいとめることである。京都大学の井上紘一教授らの言葉を借りて、これらをそれぞれ、レベル1、レベル2、レベル3の防止対策と呼ぼう（図8・1）。

レベル1の対策では、ヒューマンエラーの発生に寄与する様々な要因を取り除かなければならない。状況要因としては温熱、空調、照明、騒音などの作業環境、装置や機械や道具のデザイン、作業の手順、通信・連絡手段などを改善する。個人要因としては適性検査や適正配置、教育、訓練を考える。ストレス要因を減らすには作業負荷や納期の適正化を図るとともに、異常時の警報や情報表示に工夫をしたい。人間の注意のメカニズムや不安全行動の要因をよく理解したうえでどのように工夫、改善すべきかを話し合えばいっそう効果の高い対策がみつかると思う。

レベル2では、フェイル・セイフやフール・プルーフを含む装置やシステムの設計が対策の中心となる。参考までに、鉄道では、停止信号を越えて進もうとするとブレーキがかかる「ATS」、機器操作を一分以上行わないとブザーが鳴り、それに五秒以内に反応しなければ非常ブレーキがかかる「EB装置」、分岐器に制限速度を越えて近づくとベルが鳴る「分岐器速度照査型ATS」など様々な「ヒューマンエラー・バックアップ・システム」(第五章参照)によって運転士のエラーが事故につながるのを防いでいる。

レベル3の防止対策では、万一、事故災害の発生を防ぐことに失敗した場合に備えて、その被害が大きく拡大するのを防ぐことをねらう。人身災害については、最終的に命だけはなんとか守れるよう、あらゆる努力、工夫が行われていなければならない。

ヒューマンエラーからオーガニゼイショナル・ファクターへ

ヒューマンエラー事故を掘り下げて分析していくと、最終的に事故の引き金となったのは個人のエラーであっても、その背景要因として、チームワークやリーダーシップ、関係者のコミュニケーション、組織の意思決定のあり方、企業や地域や家庭の安全風土などに問題が見いだされることが多い。ヒューマンエラーと事故の関係を強調するあまり、事故の要因を個人内の問題に矮小化（わいしょうか）してしまっては、本当に効果的な安全対策はみつからないだろう。

そこで、最近はヒューマンエラーの要因や対策のポイントとして、「オーガニゼイショナル・ファクター」（「ソーシャル・ファクター」と呼ぶ人もいる）が注目されている。たとえば、文教大学の渡邊忠教授は、図8・2のような「事故防止に関係する要因の構造」を示して、個人の安全行動を支える安全意識や仕事意欲（やる気）と、それらを向上させたり低下させたりする要因となる「風土」や「制度」（すなわちソーシャル・ファクター）の重要性を指摘している。[2] さらに、これらソーシャル・ファクターと、安全設備などのハードウェア、作業標準などのソフトウェアが事故防止に向けてきちんとつくられ、機能するか否かは、安全に対する組織（企業や事業体）の姿勢・風土にかかっていると説く。

このモデルに従って、ある鉄道会社で安全態度を規定する要因に関する質問紙調査が行われた。そのデータは、因子分析および共分散構造分析という統計手法で解析され、図8・3に示すような要因と、要因間の因果関係が明らかになった。矢印の始点にある要因が原因となって、矢印の終点にある要因を生むことをあらわしており、数値はその因果関係の強さを示す。

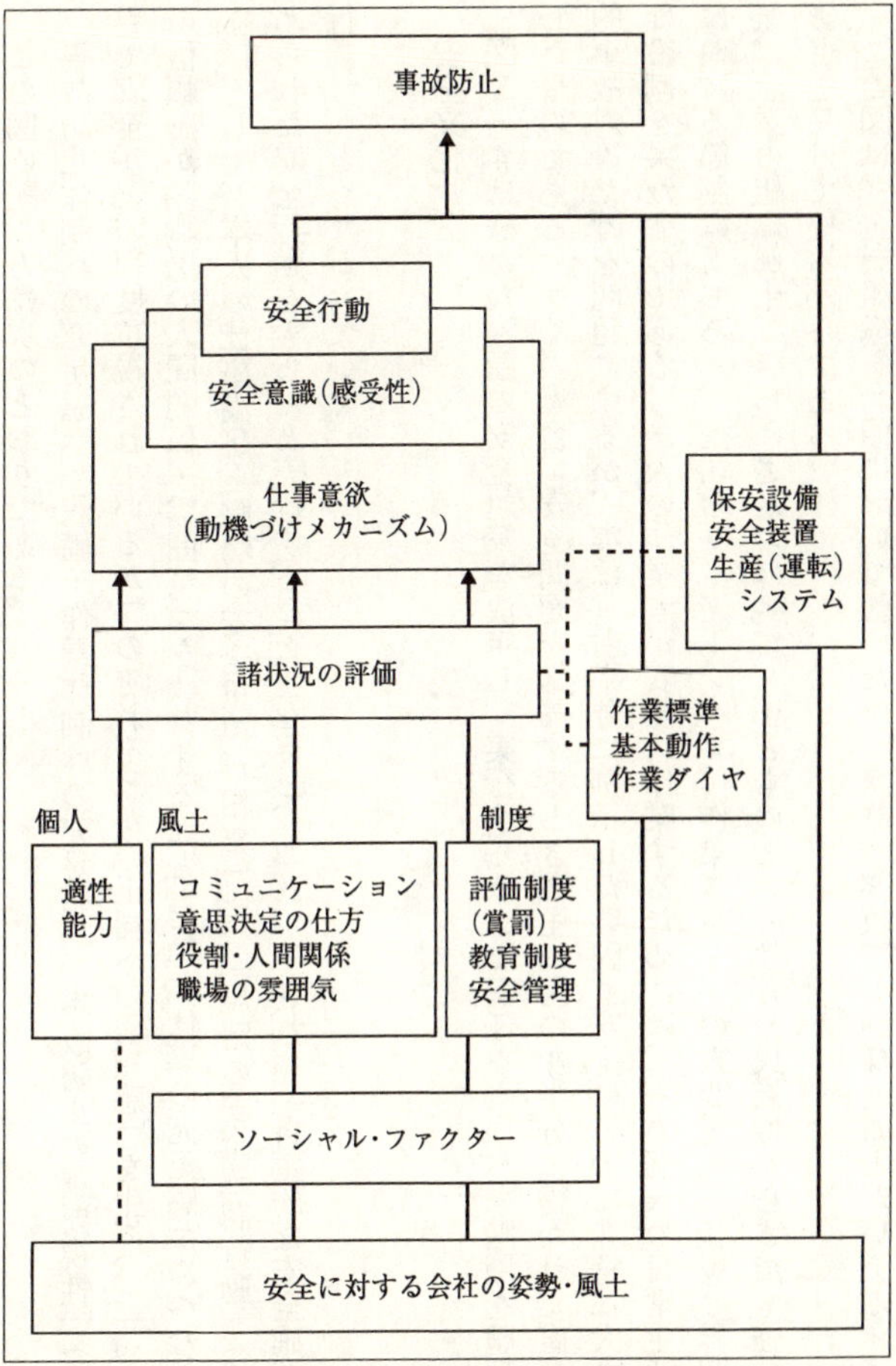

図8.2 事故防止に関係する要因の構造文献(2)

この図の読み方は次のとおりである。

「事故防止体制への充足感」、「設備・作業体制への充足感」、「事故防止の重要視性」（職場で安全がどの程度重視されているか）のそれぞれが「上司への信頼感」を生み、上司への信頼感が「職場の人間関係・雰囲気」を改善するとともに、「仕事の充足感」につながる。そして、本人の仕事満足と職場の安全重視が相まって、「規定の安全確認行動」（決められた安全行動をきちんと実行すること）を促し、これができれば「自主的な安全確認行動」へとつながっていく。

安全文化

図8・4は様々な種類の安全対策を決定し、実行するうえで責任をもつべき階層を整理したものである。多くの場合、安全問題を議論するときに主に図の左半分に書かれた直接的事故対策だけを問題にするが、実は、右半分に例示した要因も安全にとって非常に大きな役割を果たすのである。一人の作業者が安全に作業するためには、その個人の日常生活における節制はもちろん、上司のリーダーシップ、作業グループの人間関係、職場の雰囲気、企業の組織風土、さらにさかのぼって、子どものときの教育や民族性からまでも強い影響を受けているからである。

この図は、企業組織を念頭において書いたが、家庭や学校でも同様のことがいえる。子

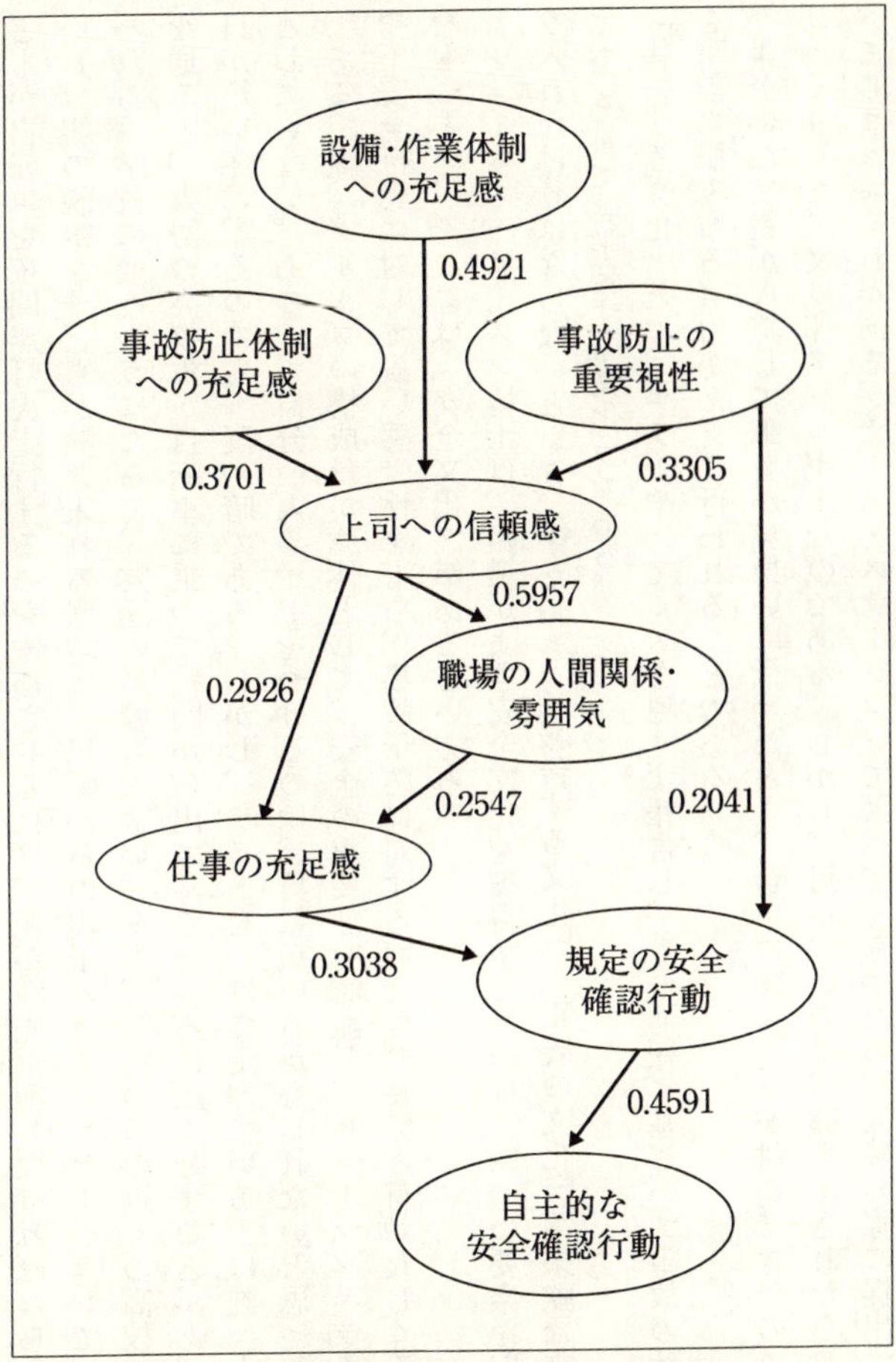

図8.3 安全態度規定要因の因果モデル文献(3)

どもが自転車を夜間無灯火走行するのをやめさせるには、親が率先垂範しなければならないし、親の説得を子どもが聞き入れる素地は、日頃からの親子のコミュニケーションで培われる。学校に通うようになると、友達の影響も大きい。夕方、筆者の家の近くの高校前を通ると、大勢の高校生が自転車に乗って校門から出てくるところに出くわすことがある。日が短い冬は、その頃もう真っ暗である。しかし、ライトをつけて走っている子は誰一人としていない。あの中で自分一人ライトをつけるのは、勇気がいるかもしれないと思った。

ある組織、グループの構成員が総体として、安全の重要性を認識し、ヒューマンエラーや不安全行動に対して鋭い感受性をもち、事故予防に対する前向きの姿勢と有効なしくみをもつとき、そこには「安全文化」があるといえる。

ジェームズ・リーズン博士は、組織がよき安全文化を獲得するために、四つの要素を取り入れなければならないという。すなわち、「報告する文化」、「正義の文化」、「柔軟な文化」、そして「学習する文化」である。[4]「報告する文化」とは、エラーやニアミスを隠さず報告し、その情報に基づいて事故の芽を事前に摘み取る努力がたえず行われることである。

年老いた父親が入院して筆者が見舞いに行ったとき、食事に卵スープが付いてきたのでびっくりした。父は卵アレルギーなのである。しかし、目が悪いので、卵を出されたら食べてしまうおそれがある。ナース・ステーションで調べてもらったら、入院の際に提出す

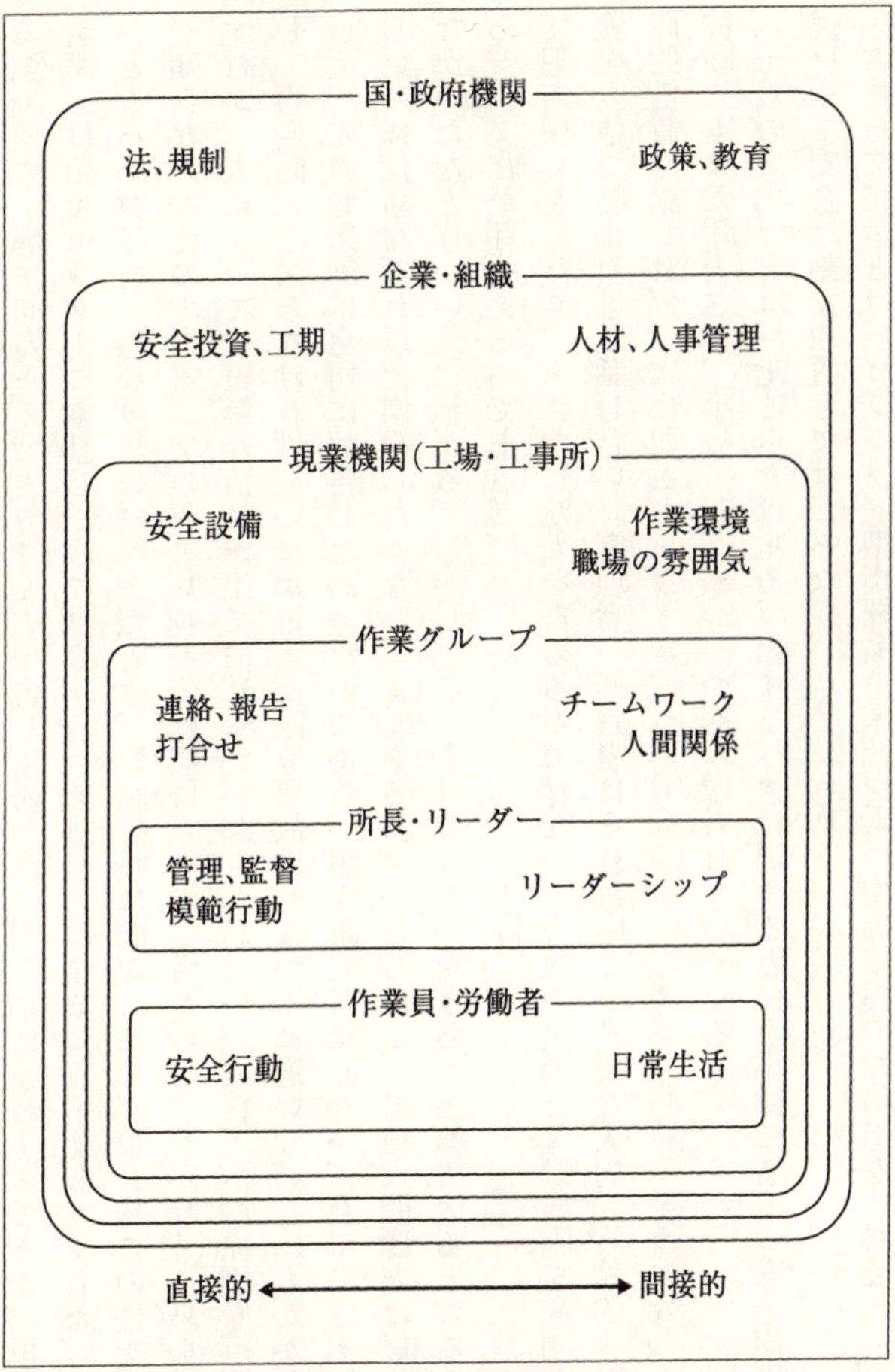
国・政府機関
法、規制
政策、教育
企業・組織
安全投資、工期
人材、人事管理
現業機関(工場・工事所)
安全設備
作業環境
職場の雰囲気
作業グループ
連絡、報告
打合せ
チームワーク
人間関係
所長・リーダー
管理、監督
模範行動
リーダーシップ
作業員・労働者
安全行動
日常生活
直接的
間接的

図8.4　安全対策の階層構造

る調査票に「卵アレルギー」とちゃんと申告してあった。明らかに連絡ミスである。担当看護師は給食センターに電話し、次の食事から「卵抜き」にするよう手配してくれた。

ところが数日後、再び見舞いに行ったとき、看護師長に話をしたら、彼女はこの件を全く知らなかったのである。父の卵アレルギーは軽いもので、胃がむかつくか吐くくらいですむが、人によっては重篤な症状が出て命にもかかわりかねない。連絡ミスの原因を解明し、再発防止を図らなければ、いつか重大な医療事故につながるに違いない。にもかかわらず、先の看護師は上司に報告しなかったのである。事を荒立てたくない、ただでさえ忙しいのに仕事をこれ以上増やしたくない、よくあるちょっとしたミスで重大問題とは思わなかったなど、いい分はわかる。しかし、このようなエラーをきちんと報告するところから安全文化が芽生えるのである。

犯人探しをしたり、ミスをした人を責めるのではなく、失敗の原因と背景要因を究明し、職場全体で防止対策を話し合い、管理者、経営者はそれに応えて必要な人的、設備的、財政的措置を講じれば、次に起こるエラーや「ひやりハッと」(事故を起こしそうになった体験)もまた報告され、事故の芽が一つ一つ摘み取られていくだろう。

「正義の文化」とは、叱るべきは叱る、罰するべきは罰するという規律である。安全規則違反や不安全行動を放置してはならない。

「柔軟な文化」とは、ピラミッド型指揮命令系統をもつ中央集権的な構造を、必要に応じて分権的組織に再編成できる柔軟性を組織がもつことである。異常時には情報をピラミッドの頂点に集めて意思決定したうえ、それをまた下まで順次伝達するだけの時間的余裕がなかったり、情報が混乱したりする。そんなとき、各フロントラインが専門性を発揮して最良と思われる判断を下し、いちいちお伺いを立てずに実施できる裁量を与えられていれば、難局を切り抜けることができるという。

最後は「学習する文化」。エラーやニアミスのデータ、過去または他の企業や産業で起こった事故、安全に関する様々な情報から学ぶ能力、学んだ結果、自らにとって必要と思われる改革を実行する意思。

先日、NHKテレビでノモンハン事件のドキュメンタリーをみた。そして、旧日本軍は失敗から学ぶ文化をもっていなかったのではないかと思った。それが、その後の太平洋戦争の大失敗につながっていったのではないかと思った。

パターナリズム

一九九九年夏、豪雨の中、河原でのキャンプを続けたキャンパーたちが、増水した川に流されて大勢の犠牲者をだす事件があった。事故後、神奈川県は「キャンプ禁止条例」に基づいて、県内のキャンプ地の安全性などを再点検し、キャンプ禁止区域を拡大する方針を決めたと報道されている。一方では、「野山に入ったら危機管理は自己責任」、「何かあるとすぐ禁止にするのは過保護」という反対論もある。

国民、市民、従業員の安全を考えて、いろいろな規則や取り締まりをする政策、施策のことを「パターナリズム」という。この英語は「父権主義」と訳されることが多いが、「父性主義」が原義で、親が子どものために危険を排除してあげたり、危ないことをするのを禁止するというニュアンスである。危険な場所でのキャンプの禁止、シートベルト着用の法的義務化と取り締まりなどがこれにあたる。

家庭や学校で、子どもがナイフで鉛筆を削ることを危険だからと禁止したり、高校生がオートバイに乗ることを禁止したり、児童公園からジャングルジムや「うんてい」を撤去したりするのもパターナリズムだ。「子どもを危険から遠ざけて育てるのは間違っている、あらゆる危険を排除することはできないのだから、たまにはけがをしながら、危険への対処を学んでいくべきだ」という意見もある。しかし、取り返しのつかない大けがをしてしまったら元も子もない。

日本人は子どもの頃から危険から隔離されて育ち、大人になっても世界に類のない安全な環境で暮らしているので、リスクを自ら判断する能力に欠けているのではないかと心配する論者がある。

数年前、横浜で開かれた世界交通会議に出席したとき、イギリスから参加した女性が筆者に話しかけてきた。その朝、歩行者用信号は赤だったが車が来ないので横断歩道を渡ったところ、向こう側にいた大勢の日本人に非難の目でジロジロみられた、自動車が一台も通らないのに従順に信号が変わるのを待っている日本人はおかしいのではないかというのだ。

車が来ようと来まいと、赤信号では「止まる」ことに決まっているのだから「止まる」、自分で勝手な判断をしないで、決められたことを守るというのが日本の安全文化なのだろう。未知の環境、未経験の現象、異常な事態、一人で決断しなければならない状況、「決められたこと」がない場合などには確かに弱いかもしれないが、総体としては、日本の安全文化はかなり高い水準にあると筆者は考えている。

安泰と安全

安全学研究所を主宰する辛島恵美子さんは『安全学索隠』という本の中で、「安全と安泰は区別されなければならない」と主張している。⑤「安泰」には、ひたすら今ある事態・状態を変化させずに持続しようとする意味が強く、無事息災に「このまま」でひたすら時間だけがすぎていくことを願う姿勢である。これに対し、「安全」とは目的を達成し、しかもそれ以外の不都合なことが随伴しないことだという。だから、お家の安泰を願うことはあっても、旅の安泰を願うことはない。目的地に無事到着することが旅の安全だからである。布団をかぶって家で寝ているだけなら、安泰はあっても安全はない。

およそ何事であっても、何かをなそうとすれば多少の危険や障害が伴うものだ。労働でも、交通でも、経営でも。自分が望まなくても何らかの変化に巻き込まれることもある。地震とか、火事とか、犯罪とか。それらを無事に切り抜けることが安全なのである。

工事現場や工場には「安全第一」とか「安全はすべてに優先する」というような標語が掲げられている。だからといって、働かないでじっとしていなさいというわけではない。働くことに伴う危険をうまく処理しなさい、その処理にかかる手間ひまを、他の問題の処理にかかる手間ひまよりも優先させなさいという意味だと理解すべきである。仕事や生産と安全とを天秤（てんびん）にかけて、安全のほうを第一に優先させると解釈すると、安全は邪魔者にされてしまう。

「安全する」という言葉はない。だから、「安全する」ことと「働く」こと、「安全する」ことと「運転する」ことは秤（はかり）にかけられないのである。「安全に働く」、「安全に運転する」しかしようがない。

失敗は成功の母

人間の行動に危険がつきものなら、人間の行動には失敗もつきものである。失敗（エラー）の特性を理解し、発生要因をコントロールすることによって、大きな失敗（事故）の可能性を最小限に抑え、小さな失敗からできるだけ多くのことを学ぶことが必要である。失敗を恐れて何もしないところには、達成もなければ安全もない。失敗は成功の母であるから。

文献

（1）井上紘一・高見勲「ヒューマンエラーとその定義」システムと制御、三二巻三号、一五二〜一五九頁　一九八八年
（2）渡邊忠「事故のソーシャル・ファクターを探る」RRR、一九九二・六号、二七〜三二頁　一九九二年
（3）林由芽子ほか「共分散構造分析による安全態度規定要因の分析」産業・組織心理学会第一一回大会発表論文集、二六〜二八頁　一九九五年
（4）ジェームズ・リーズン（塩見弘監訳）『組織事故』日科技連出版社　一九九九年
（5）辛島恵美子『安全学索隠』八千代出版　一九八六年

あとがき

本書は、一九九六年一月から一九九七年十一月まで『建設荷役車両』（社団法人建設荷役車両安全技術協会）に連載された安全講座「事故防止の人間科学」を中心として、いろいろな雑誌に書き散らかした拙文をもとに加筆修正してまとめたものである。また、内容的には一九九一年の拙著『うっかりミスはなぜ起きる』（中央労働災害防止協会）と重複する部分もある。

これらはおもに企業の安全担当者向けに書いたものであるが、それを本書では一般向けにアレンジし直す努力をした。しかし、果たしてどこまで成功しただろう。まあ、「失敗」だったとしても、ここまで読んでくださった読者なら、「誤るのは人の常」、「失敗は成功の母」と寛容に許してくださるに違いない。

執筆に必要な資料や、参考になる情報やアドバイスをいただいた鉄道総合技術研究所（ＪＲ総研）の赤塚肇研究員と井上貴文主任研究員、大阪大学の臼井伸之介助教授、ＩＮＡＸ新宿ショールームＬ21の宇土（うど）麻子さん、京都府立大学の尾入正哲（まさあき）助教授、東日本旅客鉄道株式会社（JR東日本）拝島駅の角田博駅長、同じくJR東日本安全研究所の長井晃一研究員、東陶機器株式会社（TOTO）商品問合せ室（東部）の西垣正彦さん、警察庁科学警察研究所の松浦常夫主任研究官、九州大学の松永勝也教授、株式会社テスの松本幸子さん、東北学院大学の吉田信彌教授、日本自動車連盟（JAF）の吉村俊哉さん（以上のお名前の五十音順）、そしてメーリングリスト「アルハンブラ」のみなさんにお礼申し上げます。また、たんねんに原稿を読んで、わかりにくい言葉や表現を指摘したり添削してくれた、立教大学文学研究科心理学専攻の大谷華さんに感謝します。

一九九九年秋

芳賀　繁

文庫版あとがき

本書は二〇〇〇年一月に日本出版サービスから刊行した同じタイトルのハードカバーを文庫化したものです。文庫化にあたり、新しい統計資料を調べて事故件数などの数字を差し替えたほか、本のサイズが小さくなるのに合わせて図表の多くを割愛しました。実験や調査結果のデータを見たい人は、引用文献、または、オリジナルのハードカバーにあたってください。なお、本や論文の著者等の所属、肩書は、原則としてその本や論文が書かれた時のままにしました。

出版界では二〇〇一年に「失敗本ブーム」が起きました。これに火をつけて爆発させたのは畑村洋太郎先生の『失敗学のすすめ』ですが、本書は少なくともその導火線になったのではないかと自負しています。なぜなら、人間工学の専門書をもっぱら発行している営業マンもいない出版社から初刷り三、〇〇〇部しか出さなかったのに、新聞、雑誌に次々と書評が載り、八重洲ブックセンターではワゴンセールまで行われました。

その後、畑村さんとは失敗問題の研究会で何度か同席させていただいたのですが、話していうちに、私が研究対象にしている「ヒューマンエラー」と、畑村さんが論じておられる「失敗」とはかなり違うものであることに気づきました。「失敗」には能力不足による目標不達成、その時は最善と思われたのにその後の状況の変化によって結果的に裏目に出た判断など、かなり広範囲なものが含まれます。成功するために失敗を学ぶ。失敗を隠さず、失敗の情報をできるだけ多くの人が共有することが、失敗の再発を防ぎ、成功への道を開くというのが畑村さんの基本スタンスです。

一方、事故の要因となるヒューマンエラーは、システムの中で人間の役割とパフォーマンス水準があらかじめかなり明確に定められています。たとえば、自動車ドライバーは十分な訓練を受けた後、試験にパスした人だけに免許が与えられます。運転中は信号を見落とさず、信号や交通標識に従い、制限速度を守り、前方に注意し、横から飛び出す子どもにも注意を払い、危険を察知したらただちにブレーキを踏んで止まらなければなりません。ヒューマンエラーとはできたはずのことができなかった、やることを期待されていたことをしそこなったものと言えます。

こう考えると、本書の第一章（四三ページ）におけるヒューマンエラーの定義は「失敗」だった（笑）かもしれません。つまり、「ヒューマンエラーとは、人間の決定または行動のうち、本人の意図に反して人、動物、物、システム、環境の、機能、安全、効率、快適性、利益、意図、感情を傷つけたり壊したり妨げたもの」と書きましたが、これでは畑村流の失敗概念に近すぎます。ヒューマンエラーの要件としては、「本人の意図に反する」ことのほかに、「求められるパフォーマンスをしなかった（できなかった・しそこなった）」ことと、「エラーをおかした本人がそのパフォーマンスをちゃんと行う能力があった」という条件を付け加える必要があります。まとめると、「ヒューマンエラーとは、人間の決定または行動のうち、本人の意図に反して人、動物、物、システム、環境の、機能、安全、効率、快適性、利益、意図、感情を傷つけたり壊したり妨げたものであり、かつ、本人に通常はその能力があるにもかかわらず、システム・組織・社会などが期待するパフォーマンス水準を満たさなかったもの」となるでしょうか。

用語の定義なんて、厳密性を求めれば求めるほど、長ったらしく分かりにくい表現になり、結局は大して役に立たないものになるのかもしれません。

『失敗のメカニズム』執筆の機会を私にくださった川上善吉さん、文庫化をご快諾くださった日本出版サービスの渡邊正勝社長と黒田芳治さん、文庫化実現にご尽力くださった角川書店の大林哲也さんと山根隆徳さんに心から感謝します。

二〇〇三年初夏

芳賀　繁

解説

細田（ほそだ）　聡（さとし）（関東学院大学）

「人間だから間違うこともある」。この言葉はよく耳にするし、口にすることもある。自分の一日の行動をつぶさに追ってみると、目を覆わんばかりの失敗の連続である。朝は目覚まし時計と携帯電話の音を聞き違え、慌てて起きるとベッドに蹴躓（けつまず）き、顔を洗いに入って蛇口をひねればシャワーから水が飛び出し、いつもの通勤列車には乗り遅れ、……。このように私たちは、一日のうちに何度も間違い、失敗をしでかしている。ただ、こういった行動にもいろんな種類がある。「ついうっかり」「おっと間違えた」ということもあれば、「これくらいはいいだろう」「みんなもやっていることだから」とまずいとは知りつつも「まぁ、やってしまえ」となることもある。しかし、私たちは日常生活の大きな流れの中で、そういった自分の危なっかしい行動をいちいち振り返ってみることはしない。たいていの場合、その後の少しの修正でことは収まり、何事もなかったかのように過ごしてしまう。しかし、時には自らのちょっとした行動が大変な事態を招くこともないわけではない。これが本書のテーマである「ヒューマンファクター」や「ヒューマンエラー」である。

大惨事が発生したと知ると、私たちの気持ちに奇妙なことが起こる。これをパラドックスと呼んでよいかわからないが、それは、「人は間違いをおかすことを知っているにもかかわらず、実際の失敗は許せない」ということである。事故が発生すると新聞には、あたかもその原因であるかのように、「看護師の投薬ミス」、「パイロットの操作ミス」という字が躍る。その記事を読んだ人々は作業に従事していた人に対して厳しい目を向ける。機械が故障したときには「仕方がない」と寛容な態度をとることができても、なぜか、ひとたび人間がしでかしたとなると非難の声をあげる。「安全を脅かしたのはあいつのせいだ」と。

人間はある状況に追い込まれてしまったらそのようにしか行動できない。しかし、第三者的に見ると、そんな馬鹿なことを……、となる。これはまさしく「失敗のメカニズム」を知らないが故の不当な非難ではないか。たとえば、直線が描かれていてもその背景によっては曲がって見える。お風呂にお湯をためていることを忘れてあふれさせてしまう。「注意して見ろ」とアドバイスされても曲がって見えるし、お風呂のお湯を見続けることもできない。これが人間の特性である。はたして、これを人間の誤り―ヒューマンエラー―だと非難してよいものだろうか。

普段の生活では、それほど大した間違いは起こっておらず、安全であって当然の雰囲気がある。また、安全に行動をしたからといって誰かが褒めてくれるわけでもない。このような日常の中に「安全」を位置づけることは難しい。しかし、いつもは顧みられることがないにもかかわらず、いざ事故が発生したとなると「安全第一」、「再発防止」と声高に叫ばれる（というと言い過ぎか）。また、原因を究明しようとすると、様々な間接要因や背景要因が浮上し、それらが複雑に入り組んでいる。そして、その原因追求の過程で必ず人間が関与していることが判明する。すなわち、安全問題はヒューマンファクターやヒューマンエラーを抜きにすることはできないと言える。

本書は、ヒューマンエラーについて、人間の行動特性・システム設計・リスク論などあらゆる側面から平易に解説されている。そして、日常生活から大惨事に至った事故まで多くの事例を引くことで理解が深まるように構成されている好著である。この「あらゆる側面」かつ「多くの事例引用」は、「すべての人」を読者対象とする意図があるからであろう。それと同時に、明記されていないが、安全を見つめる視点には様々な面を考慮するバランスが必要であることも訴えかけている。

ヒューマンファクターに関する著書は数多く出版されている。しかし、ややもすると技術論・方法論的なスタンスに偏り、人間行動のリスク値の算出方式ばかりに頁を割く書籍もある。その一方で、ヒューマンエラーが発生した事例ばかりで、その裏付けとなる人間行動に関するメカニズムの理論やモデルは置き去りにされているものも見受けられる。その点、芳賀氏は心理学を背景とし、人間特性に基礎をおいた上で機器・設備と人間の関係や人間と人間の関係に言及している。そのため、どんな場合にいかなる特性がどのように現れてしまうのかがわかりやすくバランスよく表現されている。

ただし、本書は単なるヒューマンファクターの概論ではない。各章での著者の主張が本書の特徴でもある。たとえば、第一章「事故とヒューマンエラー」において、「事故原因を作業者の不注意や個人資質の問題としたい」、「作業設備・環境に手をつけないことへの免罪符にする」経営者や安全担当者がいることを厳しく指摘する。そして、このような誤解や無理解がヒューマンエラーに関心を高める理由の一つとなっているとの意見は傾聴に値する。

また、第三章での経営者や管理者は、事故を個人の「事故傾性」のせいにしたがるとの指摘は安全研究者の一致した見解であろう。これについても研究データを紹介し、「事故の大部分は『普通の人』が起こしてしまったものである」とばっさりと切って捨てている点など爽快感すら覚える。

第五章では機器設計について、危険要因を取り除くことを、それをユーザーに警告するよりも優先させることが基本原則であるとする一方で、ユーザーの意識（機能優先、見栄え重視）にも注文を付けるなど、著者のバランス感覚は鋭い。このことは第七章でも認められ、著者らの指差呼称の実験結果とその有効性を述べるとともに、その限界点も併記されている。さらに、第八章ではヒューマンエラー要因の対策として、昨今注目を浴びている組織要因や安全文化の重要性も述べられている。

このように「ヒューマンエラー」について、手厳しくもユーモアを交え様々に切り込んでいる。そして、最後に著者は、受動的な「安泰」と能動的な「安全」を区別し、生産と安全を天秤（てんびん）にかけることの誤りを次のように指摘する。「安全する」という言葉はなく、「安全する」ことと「働く」ことは秤（はかり）にかけられず「安全に働く」しかない。そして「働くことに伴い危険は常に発生する。したがって危険処理にかかる手間ひまを何よりも優先させる」ことが安全の真の意味であると主張する。

　昔から、人は失敗と隣り合わせで生きてきた。ただ、環境が整備されていなかった大昔はその失敗が自らの命に対する危機的状況に直結していた。おそらく、太古の人々は危険要因に対してセンシティブであったと思う。ところが、危険要因を遠ざけようと人工的に環境を制御してきたあまり、現代人はその感度を鈍らせたかのようにも見える。こういった環境と人間のインタラクションとして「安全」を考えることは今後ますます重要になるであろう。すなわち、安全の問題を考えることは、その環境におかれた人間の適応過程を考えることに通ずる。その過程を研究分野とする研究者（特に、心理学者）がもっと積極的に「安全」の領域に踏み込んでいく必要があるだろう。もちろん、研究者だけではなくあらゆる人が日常に埋もれてしまいがちな失敗行動を立ち止まって振り返り、その背後にある要因や状況について考えてみることが、安全文化の基盤となっていくのではないだろうか。

本書は二〇〇〇年一月、日本出版サービスから
刊行された単行本を文庫化したものです。

失敗のメカニズム
忘れ物から巨大事故まで
芳賀 繁

角川文庫 13020

平成十五年七月二十五日　初版発行
平成二十三年六月十五日　十二版発行
発行者―山下直久
発行所―株式会社角川学芸出版
東京都文京区本郷五―二十四―五
電話・編集（〇三）三八一七―八九二二
〒一一三―〇〇三三
発売元―株式会社角川グループパブリッシング
東京都千代田区富士見二―十三―三
電話・営業（〇三）三二三八―八五二一
〒一〇二―八一七七
http://www.kadokawa.co.jp
印刷所―暁印刷　製本所―BBC
装幀者―杉浦康平

定価はカバーに明記してあります。

SP　K-105-1　ISBN978-4-04-371601-2　C0195

角川文庫発刊に際して

角川源義

第二次世界大戦の敗北は、軍事力の敗北であった以上に、私たちの若い文化力の敗退であった。私たちの文化が戦争に対して如何に無力であり、単なるあだ花に過ぎなかったかを、私たちは身を以て体験し痛感した。西洋近代文化の摂取にとって、明治以後八十年の歳月は決して短かすぎたとは言えない。にもかかわらず、近代文化の伝統を確立し、自由な批判と柔軟な良識に富む文化層として自らを形成することに私たちは失敗して来た。そしてこれは、各層への文化の普及滲透を任務とする出版人の責任でもあった。

一九四五年以来、私たちは再び振出しに戻り、第一歩から踏み出すことを余儀なくされた。これは大きな不幸ではあるが、反面、これまでの混沌・未熟・歪曲の中にあった我が国の文化に秩序と確たる基礎を齎らすためには絶好の機会でもある。角川書店は、このような祖国の文化的危機にあたり、微力をも顧みず再建の礎石たるべき抱負と決意とをもって出発したが、ここに創立以来の念願を果すべく角川文庫を発刊する。これまで刊行されたあらゆる全集叢書文庫類の長所と短所とを検討し、古今東西の不朽の典籍を、良心的編集のもとに、廉価に、そして書架にふさわしい美本として、多くのひとびとに提供しようとする。しかし私たちは徒らに百科全書的な知識のジレッタントを作ることを目的とせず、あくまで祖国の文化に秩序と再建への道を示し、この文庫を角川書店の栄ある事業として、今後永久に継続発展せしめ、学芸と教養との殿堂として大成せんことを期したい。多くの読書子の愛情ある忠言と支持とによって、この希望と抱負とを完遂せしめられんことを願う。

一九四九年五月三日

角川ソフィア文庫

●耳袋の怪

『耳袋』から怪異譚を現代語訳で抽出した、奇談・珍談満載の世間話集。解説＝夢枕獏

根岸鎮衛著　志村有弘訳

●日本人の骨とルーツ

日本人の形成史を縄文系と渡来系の「二重構造モデル」で分析した自然科学エッセイ。

埴原和郎

●悪女伝説の秘密

女性たちの真の姿と、〈悪女〉伝説がつくりあげられてゆく謎を解明する。解説＝水原紫苑

田中貴子

●神隠しと日本人

異界研究の第一人者が、従来の神隠しのイメージを一新する。解説＝高橋克彦

小松和彦

●日本史の快楽　中世に遊び現代を眺める

中世史学の泰斗である著者独自の視点で、現代と中世を縦横無尽に駆け巡る歴史エッセイ。

上横手雅敬

●ストレスがもたらす病気のメカニズム

心とからだの健康を考えて人生を豊かに過ごすための医学エッセイ。

高田明和

角川文庫発刊に際して

角川源義

第二次世界大戦の敗北は、軍事力の敗北であった以上に、私たちの若い文化力の敗退であった。私たちの文化が戦争に対して如何に無力であり、単なるあだ花に過ぎなかったかを、私たちは身を以て体験し痛感した。西洋近代文化の摂取にとって、明治以後八十年の歳月は決して短かすぎたとは言えない。にもかかわらず、近代文化の伝統を確立し、自由な批判と柔軟な良識に富む文化層として自らを形成することに私たちは失敗して来た。そしてこれは、各層への文化の普及滲透を任務とする出版人の責任でもあった。

一九四五年以来、私たちは再び振出しに戻り、第一歩から踏み出すことを余儀なくされた。これは大きな不幸ではあるが、反面、これまでの混沌・未熟・歪曲の中にあった我が国の文化に秩序と確たる基礎を齎らすためには絶好の機会でもある。角川書店は、このような祖国の文化的危機にあたり、微力をも顧みず再建の礎石たるべき抱負と決意とをもって出発したが、ここに創立以来の念願を果すべく角川文庫を発刊する。これまで刊行されたあらゆる全集叢書文庫類の長所と短所とを検討し、古今東西の不朽の典籍を、良心的編集のもとに、廉価に、そして書架にふさわしい美本として、多くのひとびとに提供しようとする。しかし私たちは徒らに百科全書的な知識のジレッタントを作ることを目的とせず、あくまで祖国の文化に秩序と再建への道を示し、この文庫を角川書店の栄ある事業として、今後永久に継続発展せしめ、学芸と教養との殿堂として大成せんことを期したい。多くの読書子の愛情ある忠言と支持とによって、この希望と抱負とを完遂せしめられんことを願う。

一九四九年五月三日

再生（上）
続・金融腐蝕列島
高杉 良

角川文庫 12272

平成十三年十二月二十五日　初版発行

発行者——角川歴彦
発行所——株式会社角川書店
東京都千代田区富士見二—十三—三
電話　編集部（〇三）三二三八—八五五五
　　　営業部（〇三）三二三八—八五二一
〒一〇二—八一七七
振替〇〇一三〇—九—一九五二〇八
印刷・製本——e—Bookマニュファクチュアリング
装幀者——杉浦康平

た 13-7　　ISBN4-04-164312-0　C0193